JN084553

フライパン式
「漬け焼き」テクニック

お肉を常温に戻す

たれをお肉にもみ込み、
30 分おく

フライパンを中火で、
うすく煙が出始めるまで熱する

一度火を止め、フライパンに
うすく油をなじませてから中火にする

お肉をフライパンに
１枚ずつ並べ、
やや強めの中火で
表面を速やかに焼き固める

ステップ
6

お肉の表面に
肉汁が浮いてきたら裏返す

たれを鍋肌から回し入れ、
照りや香ばしさが出てきたら完成！

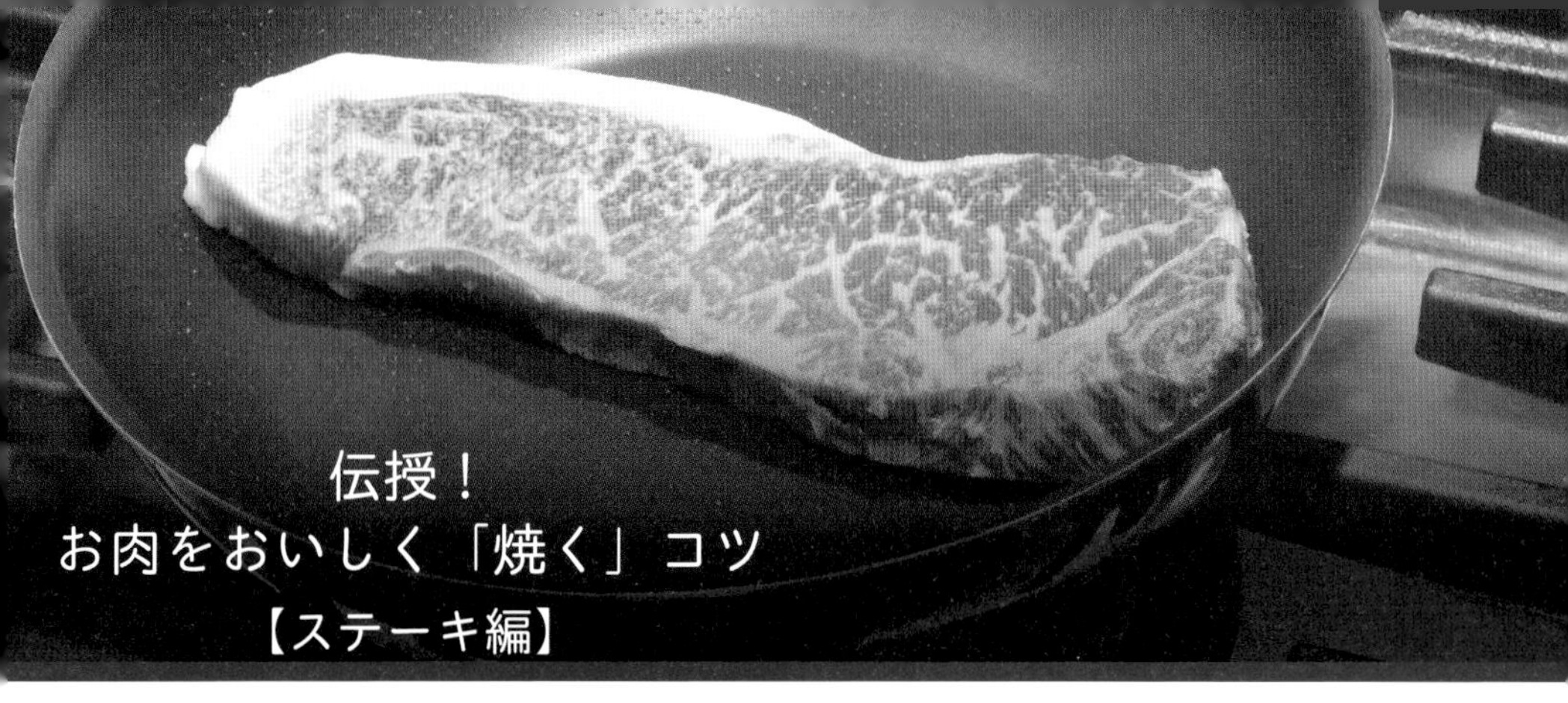

伝授！
お肉をおいしく「焼く」コツ
【ステーキ編】

内部温度の目安
55 ～ 65℃以下

内部温度の目安
65℃

内部温度の目安
65 ～ 70℃

内部温度の目安
70 ～ 80℃以下

伝授！　お肉をおいしく「焼く」コツ

【焼肉編】

脂身が比較的少ない
牛ロース肉

肉汁が見えてきたら裏返す

脂身が比較的多い
カルビ・バラ肉

白くなったら裏返す

発売当時の「焼き肉のたれ　黄金の味」

「黄金のうで」を持つ男

北海道文教大学◆学長対談シリーズ 2

浅野高幸×渡部俊弘

丸善プラネット

はじめに

人生、思い通りでもつまらない。そう思いませんか？

振り返れば、私の人生は思い通りどころか、予期せぬことの連続でした。

波打ち際に群れるさまざまな生き物たちを唯一の友とするほど、内向的で無口だった少年時代。小動物や弱いものをいじめる上級生を言葉の代わりに腕力でねじ伏せ、それをきっかけに不良たちからマークされるようになった小学・中学生時代。世界松林流空手で身心を鍛え、医者になることを夢見た高校時代。人付き合いが苦手だったからこそ、周囲の人たちをよくみつめ、良くも悪くも影響を受け、私自身も変わっていきました。

大学は医学部を志望しました。しかし、学費が安い大学には学力が足りず、学力が足りる大学では学費が足りないことからあきらめ、微生物の世界を学ぼうと東京農業大学へ進みました。ここで微生物の発酵のメカニズムの不思議さに魅了され、どんどん深みにはまっていきました。この世界を相手にする仕事がしたいと就職活動に臨むものの、本命は門戸を閉ざしていたことから、次点の3社を受験し、エバラ食品に入社。そこから、私の人生が予想外の方向に動き始めます。

入社当時の社長は、創業者の森村國夫でした。先見の明があり、類まれな発想力と抜群の行動力を持った森村は、時代に先駆けて新しいことを次々仕掛けていきました。そのあおりを受けて（?）、私もいろいろなことに挑戦させられました。森村は腹がすわっていて、入社2年目の私に、「焼肉のたれ　黄金の味」の開発を命じるという賭けともいえる暴挙に出ました。

「焼肉のたれ　黄金の味」の開発に与えられた期間は3カ月。いくら昔の話といえども、これはありえない条件です。でも、多くの人々の知恵と技術と時間と心遣いによって、私は森村のむちゃぶりに応えることができました。この間の濃密な経験は、その後の私の研究者人生にたくさんの示唆とヒントを与えてくれました。

エバラ食品で定年を迎え、自由に動ける時間が増えた私は、東京農業大学の同窓である北海道文教大学の渡部俊弘学長に誘われ、2021年から恵庭市にある北海道文教大学で教鞭をとることとなりました。

渡部学長とはあっという間に意気投合し、今ではお互いの生い立ちから、ここでは書けないことまで、昼に夜にざっくばらんに語り合う仲です。学長は、特に「焼肉のたれ　黄金の味」の開発にまつわる話に興味を持ち、「浅野さんしか知らない、経験していないその話、本に書いて残しておくべきだよ」と水を向けてきました。その時すでに、学長の頭の中には、この本のプロットができていたような気がします。

「焼肉のたれ　黄金の味」が誕生したのは、1978年。45年前になります。あの時代だからできたこと、許されたこともあります。一方で、あの時代のものづくりやものづくりに携わった人々の心の中には、いまの時代に欠落している大事なことが潜んでいたとも感じています。

学長は特に、食品加工や食品開発には、研究者とマーケターの両方の資質やセンス、技量が必要であり、専門分野の穴に閉じこもらず、さまざまな分野を横断するからこそ得られる見識をもっと重視、尊重すべきだと考えています。学長は、そうした持論を浅野高幸という男の実体験を通して、北海道文教大学の学生や、食品加工に興味がある方、食べることを大切にしている方々に届けようとしているのでしょう。そうとわかれば、ここは一肌脱ぐしかないと、私は筆をとりました。

こうして本を書くことになるとは、思いもよらないことでした。人生、思い通りじゃないから面白い。この一冊から、そんなことも感じてもらえると嬉しいです。

北海道文教大学 教授
エバラ食品工業（株）経営企画室顧問　浅野 高幸

【著者紹介 ①】

浅野 高幸（あさの・たかゆき）

1953年、静岡県賀茂郡下田市生まれ。1976年3月、東京農業大学醸造学科醸造微生物研究室卒業。同年4月、エバラ食品工業（株）に入社し、研究開発部研究室（分析・試作開発担当）に配属。1979年、インドネシア・セレベス島の鰹節工場の品質管理を担当。1981年、グループ会社（株）日本冷食の研究開発室長。2005年、グループ会社 中国法人設立（独資）荏原食品上海有限公司総経理（社長）兼執行役員。2009年、執行役員 研究本部長。2015年、執行役員 海外事業本部長兼荏原食品香港・シンガポール代表。2017年、顧問。JAS認定工場品質管理技術者（調理冷凍食品）、日本缶詰協会「HACCP主任技術者」。

日本食品保蔵科学会理事、IFTジャパンセクション評議員、日本食品香粧科学会評議員などを歴任。2012年から、神奈川新聞社月刊特集コラム「タレの秘伝（全21話）」掲載。

2010年、東京農業大学非常勤講師。2017年、同学客員教授。2018年から同学総合研究所研究会副会長。2021年、北海道文教大学特任教授健康栄養学科（2022年から教授）。

1983年、花筵流煎茶道教授（浅野高暁）取得。1995年、世界松林流空手道連盟（沖縄）関東本部師範代 空手道5段取得。

※社名の記載がないものは、エバラ食品工業（株）での役職です。

目次

「黄金のうで」を持つ男

第1章

「黄金のうで」を持つ男。その誕生まで

社会人になるまでの私は、周囲から「わけのわからない男」と見られていたと思います。とても無口で、自分をアピールするということがまったくなかったですから。

私は、自然豊かな環境に生まれ育ちました。子どもの頃から内向的で、赤面恐怖症でもありました。ですから、話し相手は人間ではなく、海の生物、山の生物、昆虫ばかり。自然の中で五感を働かせながら「なぜだろう」、さまざまな生き物の様子を見て「なぜだろう」と繰り返す、おとなしく、目立たない少年でした。

その性格はエバラ食品に入社しても、しばらく変わることはありませんでした。ところが、入社2年目で「焼肉のたれ　黄金の味」の開発を任され、3年目で販売、そしてヒットを放ったあたりから、自分でも驚くほど変わっていきました。

だから、大人になって、子どもの頃の私を知る人と会うと、みんな驚きます。「おまえ、あの浅野か？　どうしたんだ？」と。

生き物を見て「なぜだろう」を繰り返す

いまもむかしも、よく見る夢があります。

タツノオトシゴ、ドジョウ、ウナギ、アサリ、シジミ……。たくさんの種類の海の生き物と川の生き物が、水の中でワーッと混じり合うように漂っている夢です。

私は1953年、伊豆・下田の須崎という村で生まれました。家のすぐ前には海が広がっていて、山から流れてきた水と、塩分を含む海水が混じり合うはざまには、いろんな海の子が棲んでいました。

田舎の言葉で「ボチッコ」と呼ぶハゼのような小さい魚や、地元特産のシラスも波に流されてきていました。私は物心がつく前から、水辺に生きるいろんな生き物たちの様子をジーッと見ていました。いまもよく見る夢は、その記憶の断片だと思います。

海育ちですから、素潜りが得意で、海女さんとしょっちゅう一緒に海に潜っていました。そのせいで、小学生の時についたあだ名は「河童」。父は船員でしたが、家ではニワトリを約500羽、ヤギを2頭、豚を飼っていて、近くの山も半分所有していました。私はイタチやタヌキが出るようなその山も、遊び場にして過ごしていました。

子どもの頃は、海、山、森で多種多様な生き物を見て「なぜだろう」、「なぜだろう」の連続でした。「なぜ」を考えるクセはこの時についたと思います。また、生まれたばかりの動物が一生懸命生きようとしている姿から命の尊さを教わるなど、いろんなことを感じ取りました。そうした一つひとつの経験が洞察力につながり、思いやりの土台になりました。また、社会に出て商品開発に携わるようになって、五感を働かせることの重要性を知るのですが、その基本を教えてくれたのも自然であり、生き物だったと思えます。

私の生まれ故郷には、エバラ食品の社員たちを何度も連れて行きました。私は勝手知ったる伊豆の海に潜ってトコブシ、シッタカ、ツヅラ、サザエ、時には伊勢海老やタコまでも獲ってきて、「命をいただくんだから、本当にいただきますと思って食べるように」と一言言ってから、振舞ったものです。

腕っぷしの強さで、名をとどろかせる

最近は、無口で、社会性やコミュニケーション力に乏しい子が増えています。私も、社会に出るまではそのくちで、ものすごく内向的でした。いまの子たちは携帯とインターネットの依存などがその理由と言われますが、私は違います。自然ばかり見ていて、人と会話をしなかったんです。

それこそ、学校で数人の女子が「浅野く～ん」なんて呼んで近づいてくると、顔が真っ赤っかになってうつむいてしまったり、先生から「宿題を発表しなさい」と指さ

れると、宿題はやってきているのに、読めずに涙をためてしまったりする始末。それぐらい内向的で無口でおとなしい私が、小学5年のある日、周りを驚かせる事件を起こしました。

私は、父の仕事の関係で小学3年生の頃に伊豆から横浜へ引っ越します。転入した横浜市立潮田小学校は鶴見川のすぐ近くにあり、鶴見川の橋のたもとには掘っ立て小屋が30軒ほどひしめいていました。給食費も払えないほど貧乏な家が珍しくなく、そこから通う2人の同級生はお風呂にも満足に入れなかったのでしょう。襟元には垢がたまっていて、臭かったんです。

そんな2人をクラスのガキ大将がいじめているのを見た私は、「やめろよ」と注意したのですが、ガキ大将はやめません。私はとにかく無口でしたから、言葉で止めることができません。だったら腕力でと思ったんでしょう、ガキ大将をボッコンボコンに殴り倒しちゃったんです。

伊豆の海育ちですから、腕力はそれなりにありました。それに加えて、家の近所の道場で琉球空手を習っていましたから、打ちのめすのは難しくはありませんでした。正義感が強い少年だったので、いじめを許せなかったんです。

この一件があった翌年、今度は中学生相手に立ち回りです。小学校の隣にある中学校の2、3年生4人がやってきて、学校で飼っているモルモットやアヒルを蹴っ飛ばしていました。さっきも書きましたが、私は幼い頃から生き物をジーッとみつめ、生き物と話しているような子でしたから、生き物を邪険にする人は許せない。今もそういう人は大嫌いです。当時の私は飼育係だったこともあり、中学生に注意しました。すると、彼らがいきなり殴りかかってきたんです。

私が一人で応戦していたら、その様子を見た親友が加勢してくれ、私たちが勝ってしまいました。家族で引っ越した横浜の辺りは沖縄出身の人が多く、親友も沖縄の血が入っていて、後から思えば、たぶん彼も琉球空手をやっていたんだと思います。中学生4人の内一人は骨折して病院に担ぎ込まれ、これは大問題になりました。

数日後、いためつけられた彼らの仲間が「浅野ってどいつだ」と小学校にやって来て、私を待ち伏せです。私一人に相手は7、8人。これでは勝てっこないと、私は学校の裏手から逃げました。それに気づいた敵は分散して、走って追っかけてきます。私も全力で逃げ、民家の裏木戸から「すいません、助けてください」と家の中に入り、屋根に上がり、屋根をつたって必死の逃走。当時あの辺りは、どこも平屋だったんです。それで助かりました。

弁当をひっくり返した6人相手に

小学6年の時には授業を抜け出して川崎市の繁華街・銀柳街に行き、スマートボールをやっているチンピラと喧嘩して補導され、臨港警察署に連れて行かれたりもしました。こうした前歴があった私は、学校の先生もまじえた大人たちの判断で、中学校は歩いて40分かかる鶴見中学に越境入学となりました。

自分が暮らす地区から離れた学区外の中学には、知っている人は誰もいません。私は一番後ろの席でおとなしくしていました。

ある日、教室に戻ると、おふくろが一生懸命作ってくれたお弁当が裏返しに落っことされていました。涙が出るぐらい悲しくて、誰がやったんだと周りの女子に聞いたら、6人の名前を挙げました。私はすぐさま、その6人をつかまえてボッコボコにし、それでも気持ちがおさまらず、2階の教室の窓から彼らの机を全部外に放り投げたんです。

おふくろが学校に呼ばれ、飛んできました。「お母さん、浅野君は1年生なのに番長と言われていることをご存じですか?」と言う先生に、おふくろは「いえ、知りません」と消え入るような声で返すのがやっと。私も並んで、職員室、校長室でお説教です。

神奈川新聞に「百十数名の乱闘」と書かれた騒ぎがあり、私がその黒幕と誤解されたこともありました。私もその現場にはいて、それほどケガをさせてはいなかったんですが、鶴見警察署に一日ご厄介に。おふくろのコネで、「しょうがねぇな、息子さんのためだったら行ってやるか」と口をきいてくれた、ある大人のおかげで釈放されました。

こんなことばかりですから、小学校から中学校時代は傷だらけ。額は17針縫っていますし、頭蓋骨骨折でいまも一部が陥没しています。椅子で叩かれた痕、石を投げつけられた痕もあれば、空手でしょっちゅう瞼を切ったり、鼻を折ったり。指も曲がっちゃってます。高校1年ぐらいまでは、お話しできないことがあるぐらい素行が悪かった。でも、弱い者いじめは絶対にしなかった。これは断言できます。

「世界松林流空手道連盟」との出会い

そんな私が変わったのは、空手のおかげです。小学生の頃から琉球空手を習っていましたが、高校3年の時に、沖縄県那覇市に総本部（宗家）がある「世界松林流空手道連盟」と出会ったことで変わりました。松林流は、昭和期を代表する空手家、長嶺(ながみね)将真(しょうしん)先生が大正時代に作った流派です。弟子の数は、多い時には5～6万人、分派した現在は世界に約2万5千人。関東本部長は、日本では指折りの宮城清明先生で、私はその方から懇々と「人の生き方」を教わりました。

「人を思いやる心、絶対おごることなし」。「常に初心の気持ちを持ち、謙虚になれ」。このふたつは何度も何度も聞かされました。宮城先生のおかげで改心し、ものすごく真面目になったことが功を奏したのか、この頃からファンレターがくるようになりました。

大学3年の時、道場の館長から小・中・高生の育成を指示されました。教えるとなると4段以上、多くは5段クラスなのですが、当時の私は2段でした。そして、私はその頃もまだ内向的でした。

教えることは、型を見せ、言葉を交わさなくてもできます。しかし、子どもたちの指導には、心に関わることも含まれます。子どもたちが悪いことをしたときは「それは悪いことだ」、良いことをしたときは「すごい。おまえは素晴らしい」と、愛情を持って接することが大切だということはわかっていました。しかし、頭ではわかっているものの、言葉でのコミュニケーションがとにかく苦手だった私は、空手を辞めちゃおうかというぐらい悩みました。

私が受け持つように言われたのは、約70人。素行の悪い子、暴走族もいました。彼らを指導するには、「この子たちは、なぜそうした行動をとるのか」、「空手の腕を磨きたいのは、どういう理由からなのか」も理解できなければ、本当の意味での指導はできません。いわゆる普通の子でも、十人十色です。例えばスクワットをやるとき、号令を10回ずつかけて回していくのですが、70人の中には、「イチ、ニ、サン」の声さえ出せない子がいました。私以上に、内向的な子がいるんです。時には、一人ひとりが全員の前で型を見せなければいけないんですが、自分の順番がくるのを待っている間に震えている子もいました。

物事の考え方の柱「守(しゅ)・破(は)・離(り)」

企業でも同じようなことが起こります。大学で成績抜群だったのに、社会に出て、お客さまと接しなければならない段になったら、コミュニケーションがまったくとれない。そういう社員をどう指導するか。こういう時は、みんなの前で注意してはダメなんです。誰にでもプライドがありますから。ポイントは、一対一で話すことです。目の前の社員が私の話を素直に聞き入れられるような状況を作るには、私がまず相手の話を聞き、相手が心を開いてくれるきっかけを見つけなければなりません。こうしたイロハを、道場での70人の指導を通して学びました。

大学3年当時の私は、技術はそれなりにありました。けれど、精神はまだ足りていなかった。館長は、人を教えることを通して、私に精神修養をさせようとしたんだと思います。

道場ではもう一つ、大事なことを学びました。「守・破・離」と書いて、「しゅ・は・り」。聞いたことがある方が多いと思います。宮本武蔵の『五輪書』には直接書かれていませんが、千利休が唱え、茶道・武道に伝わり、剣の達人の間ではかなり昔から言われていたことです。

「守」は、伝統をしっかりと引き継ぎ、守っていくこと、基本をしっかりと身につけること。「破」は、それを一度破って、違う型や技術を自分で見出すこと。「離」は、そこから離れて全体を俯瞰し、どうあるべきかを考えること。「守・破・離」が言わんとすることは奥深く、また、いろいろな場面で考えるヒントになります。

ビジネスや大学での学びにもあてはまります。先輩たちが残してくれた技術、知識、知見や、優れた先人たちが残した文献を理解することが「守」。その上で、その内容がいまもそのまま正しいと決めつけるのではなく、さらに先がある、さらに変化している可能性もあるという視点で見極めることが「破」。さらに深く追究することで自分の新たなる器、能力が備わることが「離」。

「守・破・離」は、私の物事の考え方の柱ともいえます。この本の中でもさまざまなところで出てきますので、頭の片隅に置いておいてください。

聖人君子のようだった大学時代

1972年、私は東京農業大学に入学します。ほんとうは、医学の道に進みたかったんですが、当時、国立大学の医学部は超難関。私学はものすごく学費がかかり、うちは貧乏だったのでとてもじゃないけど行けないと諦めました。それで、微生物の分野で面白いことができないかと、発酵についての研究が進んでいた東京農業大学の醸造学科に入りました。

醸造微生物研究室（醸微研）に所属した私は、微生物の生きざま、中でも微生物による発酵のメカニズムの不思議さにみるみる魅了されていきました。なんて、素晴らしい世界なんだろうと。乱暴者だった頃の私からは想像がつかないほどの真面目さで、お酒とワインの研究に没頭。周りからは聖人君子と思われていたほどで、卒業式では成績優秀者として記念品の金時計をもらうくらい優等生な浅野くんでした。

研究室では、ブドウはもちろんのこと、スイカ、イチゴ、メロン、もも、マンゴー、バナナ、イチジクなど、いろいろなフルーツを使ってワインを造りました。一番おいしかったのが、スイカワインとメロンワインで、女性にも好評でした。清酒、味噌、醤油、酢も造りました。その過程で、発酵、いわゆる微生物の力によって、こんなにおいしいものができるんだという発見があり、それが私の食品加工との出会いの原点になりました。

卒業論文のテーマは、「火落菌」です。火落菌は、ホモ型真性火落菌、ヘテロ型真性火落菌、火落性乳酸菌があり、お酒や醤油などの品質を損ねる特殊な腐造乳酸菌です。そのため、お酒や醤油などは火入れして殺菌します。その火入れが不十分だと、火落菌が繁殖し、お酒なら少し白濁したり、黄色っぽくなったり、酸っぱくなったりして、味わいや香りを損ねてしまいます。火落菌は増殖するにつれて、乳酸や酸をどんどん産出します。キムチなどの漬け物の発酵では、有用な乳酸菌ですが、火落菌の一種であるラクトバチルス・ロイコノストックが初期に繁殖し、次にラクトバチルス・プランタルム、最後にラクトバチルス・ブレビスが優勢となり、刺すような過度な酸味の酢酸も出します。そうしたメカニズムを持った菌の世界の複雑さに、ものの見事にハマったんです。

入社と同時に、開発者人生がスタート

就職活動では、ウイスキーなどの洋酒メーカー、ワインメーカーを志望したのですが、見事に軒並み門前払い。試験を受けることさえできませんでした。発酵つながりということで、ヤクルトを訪問したところ、「うちは指定校制度があって、東京農業大学の学生さんはお受けできません」。当時は、企業が指定した大学の学生のみが採用試験を受けられる指定校制度が珍しくはなかったんです。さて、いよいよ困ったと

いうことで、私はエバラ食品と、他2社を受験しました。

私は口下手で、赤面恐怖症で、内向的な性格でした。ですから、エバラ食品の就職試験の面接では、開口一番「営業は一切できません」。「自分が興味を持っている医学や微生物の部分を活かせる分析、いわゆる試験管を振るような仕事でこの会社に貢献できたらいいと思っています」と。それを聞いた面接官の社長、副社長、専務ら6人は、私をにらみつけていました。会社側は、オールマイティーな人間がほしかったのでしょう。

「自分は分析しかできません」と私は言いましたが、一緒に就職試験を受けた三十数名は「何でもやります」という雰囲気だったようです。私が就職試験を受けたのは1975年。その前年から、トイレットペーパーが店頭からなくなったことで知られるオイルショックが続いていて、大変な就職難の時代でした。大学生や専門学校生を集めたエバラ食品の会社説明会には500人近くが押し寄せ、私が座ったテーブルは8人中2人が東大生でした。非常に有名な大学の人たちがたくさん来ていて、それだけ就職難だったんです。

受験した3社から内定をもらいましたが、エバラ食品を選びました。私が入社した1976年はエバラ食品の大卒採用元年で、創業者の「少数精鋭」という考えにならって従業員が70名規模だったところに、新卒の大卒者35名を大量に採用したんですね。当時、世の中はオイルショックで大変でしたが、エバラ食品は右肩上がりで、将来を見据えて人材育成と品質管理の強化を考えていたところでした。

私が採用された理由は、微生物と分析ができることが決め手だったようです。入社後、私が配属されたのは設立からまもない研究室で、試作開発と分析、微生物管理、品質管理を任されました。いまは専門部隊を分割していますが、当時は一人何役もしなければならない状況でした。

開発のポイントは「五感を研ぎ澄ます」

ところが入社すると、私が面接で宣言したように「試験管を振る仕事だけ」とはならず、「あいつは、やっぱりいろんなところに出して、精神を鍛えないとダメだ」と。それで、インドネシア・セレベス島の鰹節工場に送られ、品質管理の仕事を任されました。帰国後は、がらスープププロジェクトチームのメンバーに選抜され、外食産業やメーカーへ飛び込み販売する技術営業を約10カ月。それが終わると、北海道のグループ会社に出向となって冷凍食品作り。その後も、タイで商品開発をしたり、中国・上海で社長業に奮闘したり。お金には代えられない、いろいろな経験をさせてもらいました。同僚から「左遷されたのか」と揶揄される異動もありましたが、いまとなっては感謝しかありません。

さて、話をもとに戻しましょう。私は、エバラ食品に開発者として採用されたはずなのですが、入社早々、ソース作りの手ほどきを受けることになりました。先生は、東京ベイシェラトンホテルの白井スーシェフ（副料理長）で、エバラ食品の研究開発のトップだった小林取締役の義弟にあたります。名シェフからベシャメルソースやオーロラソースの作り方を教わると、すぐさまホテルの厨房に修業に出されます。

エバラ食品の創業者であり、当時社長だった森村國夫から、「エスパニョールソースを作れ。それも、ヨーロッパの本場のソースだ」との命が下ったのです。エスパニョールソースとは、ドミグラスソースを作るときに必要になるもので、これを作れるように修業して、おいしいハンバーグのたれを開発せよというのが、森村社長の注文でした。

世の中のことも、社会のこともわからない小僧同然の私は、横浜市の山下公園のそばにあった有名ホテル「ザ・ホテルヨコハマ」の料理長、そのホテルの隣にある「ホテルニューグランド」の副料理長のもとで、ソースの作り方を習うことになりました。この話は、森村社長自らがまとめてきてくれました。

厨房では、銅鍋洗いからです。やがてブイヨン作りを手伝わせてもらえるようになり、シェフたちの仕事を見ながら、「本場ではこう作るんだ」、「本物の味はこういうものなんだ」と、目、鼻、舌を使って原型の味を五感で覚えました。

作っている間にも、「メイラード反応」（詳細は第3章で説明しますので、ここでは省略します）とともにソースがどんどん濃縮され、香りもどんどん変わっていき、やがて濃厚で奥深い味わいのソースができていきました。この変貌ぶりは、出来上がった完成品を見るだけではわかりません。プロセスを体で感じないと、わからないことがあるんです。そして、私ははたと気づいたんです、五感を研ぎ澄ますことが開発のポイントなんだと。

「ハンバーグのたれ」、好評から一転

2軒のホテルでそれぞれ2週間、計1カ月の研修を終えてエバラ食品に戻った私が、

ホテル仕込みのエスパニョールソースをベースにした「ハンバーグのたれ」を作ったところ、森村社長はえらく気に入りました。それからというもの、営業課長や営業所長に連れられて全国各地を回り、30人、40人のお客さまを前にちっちゃいハンバーグを目の前で焼いて、私が作った「ハンバーグのたれ」をかけての試食会です。

熱しているフライパンにソースがたれると焦げ目がついて、さらにおいしくなるんです。それをわざと、お客さまが見ている場でやるものですから、(株)マルイチ産商さんをはじめ、いろんな問屋さん、メーカーさんが全員、「これは絶対いけるね」と。「このソースをすぐにうちによこせ」と大評判になりました。この時、お肉の性質や焼き方などをご教授くださった畜肉振興会さんには今でも感謝しています。

さあ、そうなれば、急いで作って、出荷となるわけですが、事件が起きたんです。

「ハンバーグのたれ」を工場で製造して1週間ほどたった頃、ソースを保管していた倉庫に強盗が入ったと、警察に通報が入ったんです。倉庫の中からパンパンという音がする！と。近所の方には、銃声に聞こえたんでしょうね。夜の11時頃、会社から電話がかかってきて、「おまえ、すぐ現場へ行け」と。倉庫へすっ飛んで行くと、現場には、パトカー7台、バイクが5、6台。おまわりさんが警棒を持って、倉庫の周辺を固めていました。

「危ないですから、先に行かないでください」という制止を振り切って倉庫の中に入ると、臭うんです。酪酸臭という、チーズが腐ったような匂いが。ああ、これは乳酸菌と酵母菌で汚染して炭酸ガスが発生し、ガスの圧力で瓶が割れたんだとすぐにわかりました。パンパンという妙な音の正体は、発砲音ではなく、瓶が割れる音だったのです。

この当時の食品工場は衛生管理が充分でない状態で、エバラ食品においても保存性の強い「焼肉のたれ」の生産には問題はなかったのですが、「ハンバーグのたれ」の生産を開始した当初はあまり衛生状態が良くありませんでした。配管のL字になっているところや、つなぎ目などを全部ばらすと、たんぱく質や炭水化物、糖がこびりついていて、そこに菌が繁殖していたのです。この教訓から、製造ラインの洗浄、殺菌などの衛生マニュアルを一新させました。現場は「作業がめんどくさい」と怒り、「研究所の連中、とんでもねぇことを」とずいぶん憎まれました。先輩や私は、おそらくわら人形に五寸釘を打たれたと思うほどです（苦笑）。

クビ覚悟の失敗から「不屈の精神」が宿る

「ハンバーグのたれ」は、すごく評価され期待されていたのですが、当然ながら販売は延期です。エバラ食品からお取引先に申し出ると、ものすごく叱られたそうです。当然ですよね、お客さまはこのソースのために、売場の棚を空けて待っていたわけですから。

「ハンバーグのたれ」に限らず、エバラ食品の商品の成分分析や微生物管理は私の担当です。しかし、上司や営業は、「ハンバーグのたれを、とにかく早く市場に出せ」

とせっついてきました。その勢いに押され、本来なら2カ月ほどの保存試験が必要なところを2週間もしないうちに中間倉庫に出荷してしまいました。それが、この事件の原因です。

さあ、困りました。この一件で、「ハンバーグのたれ」を詰めるはずだったダイヤモンドカットの瓶44万本が宙に浮きました。これは、製造販売する約7日間の在庫分に相当します。210gの小さいタイプですが、東洋ガラスさんに特注して作ってもらった瓶です。「浅野、どうするんだ、あの瓶」、「次の商品になんとかなんねぇか」と責められ続け、まいりました。しかし、その瓶がやがて日の目を見るんです。「焼肉のたれ　黄金の味」の瓶として（笑）。

ちなみに、事件があった翌日から、森村國夫社長は3週間のヨーロッパ旅行に出かける予定だったのですが、旅行は当然取り止めです。森村社長は、「おまえのせいで、ヨーロッパに行けなくなった」と恨みがましく言いながらも、「失敗することが、次のビッグビジネスにつながる。大きな成功に導いてくれるんだ」と。崖っぷちに立たされても、崖から落ちても嘆くなとゲキを飛ばしてくれました。「もしかしたらクビかな」と、内心冷や冷やしていましたが、この一件で私の中に「不屈の精神」が宿りました。

牛・豚・鶏。お肉のきほんの「き」

おいしい牛肉の代名詞ともいえる和牛。よく使われる言葉ですが、どういう牛のお肉を和牛というのか、ご存じですか?

和牛とは、日本で生まれ育った「黒毛和種」、「褐毛和種」、「日本短角種」、「無角和種」の4品種を言います。「和」とついているのは、明治時代以降に日本在来種牛と外国産牛を交配して改良された日本固有の肉用牛だからなんです。

国産牛という言葉もありますね。これは、品種に関係なく、日本国内で一定期間以上飼育された牛の総称です。外国種でも日本での飼育期間が3カ月以上であれば、国産牛と表示されます。

和牛4品種の特徴

	特徴	肉質
黒毛和種	和牛の9割以上を占める高級牛の代名詞 明治時代、在来の和牛とブラウンスイス種などとの交配でできた、農耕と肉利用に適した役肉兼用種。1962年から肉専用種として改良を続け、現在は肉質の良さから貴重な遺伝資源として海外が注目。毛色は褐色がかった黒色	筋肉をかたちづくる筋繊維が細かく、赤身にまでサシが入って、肉質がやわらかい
褐毛和種	熊本系と高知系があり、黒毛和種に次ぐ肉質 熊本系は古くから阿蘇周辺で飼育されていた牛がルーツで、高知系は明治時代に輸入された朝鮮牛とシンメンタール種の雑種を改良したもの。熊本系はやや淡い褐色。高知系は鼻と口などが濃い黒褐色	赤身が多く、脂肪が少ない。肉質は黒毛和種に次ぐ
日本短角種	岩手、青森、秋田、北海道を中心に飼育 脚と蹄が丈夫な南部牛とショートホーン種を交配して作られた褐毛の品種。夏は放牧し冬は里に下ろす夏山冬里式で飼育されてきた。1957年、統一された登録が開始。現在は頭数が減少してきている	黒毛和種と比べると脂肪が少なく、旨味成分等が多い。ヘルシーな味わい
無角和種	山口県萩市を中心に飼育されている希少種 大正時代に黒毛和種と外国種を交配してできた品種を、昭和初期にさらに改良し、毛色は真黒で角はない。成長が早く、肉用種の理想的な体型に近いことなどから一時期評価が高まったが、現在は頭数が減少している	皮下脂肪が厚く、肉質は赤身が多い

※一般社団法人全国肉用牛振興基金協会ホームページ

食肉部位図鑑　牛

Beef

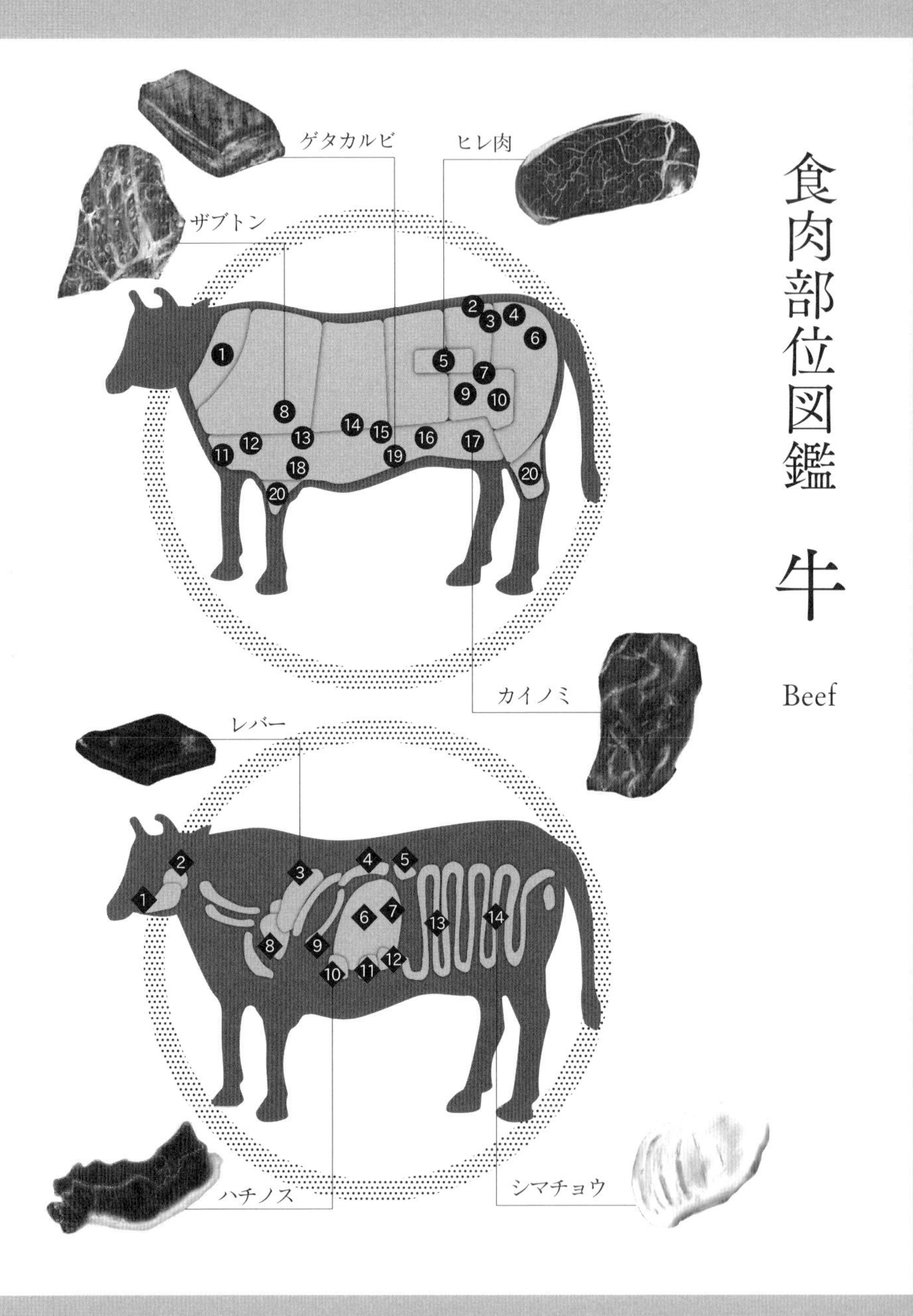

【正肉】

❶ ネック　硬いが、コクと旨味がある。コンビーフなどに加工
❷ ランプ　きめ細かくやわらかい。赤身が多く上品な旨味
❸ ラムシン　もも肉の中でもヒレ肉に次ぐ繊細なやわらかさ
❹ イチボ　サーロインに似た味わい。濃厚で独特の深み
❺ ヒレ肉　脂肪が少なく、しっとりした肉質からは旨味があふれる
❻ そともも　きめが粗く、しっかりした食感。肉本来の濃い旨味
❼ ダルマ　肉汁をたっぷりと含んだやわらかい赤身。ローストビーフなどに使う
❽ ザブトン　上品でやわらかく、コクのある味わい。「特上ロース」として提供
❾ うちもも　脂肪が少なく、水分量が多い。煮込み料理などに使う
❿ トモサンカク　美しい霜降り。赤身の旨味と、上品な脂身の甘味とコク
⓫ クリミ　脂肪が少なく、さっぱり。少しクセがあるが濃い旨味
⓬ トンビ　肩甲骨付近。赤身で淡白だが、肉汁を多く含む
⓭ ブリスケ　ばら肉の一部。繊維質で硬めだが、コラーゲンが豊富
⓮ カルビ（タテバラ）　あばら骨の肉。すこし硬めだが、コク深く脂身の甘味が強い
⓯ インサイドスカート　横隔膜（ハラミ）付近。繊維質だがやわらかい肉質
⓰ カッパ　腹の皮と脂身の間にある赤いスジ肉。噛みごたえがあり、濃厚
⓱ カイノミ　ばら肉の中でもヒレに近い部位。適度な歯ごたえとさっぱりした甘味
⓲ 三角バラ　ばら肉最上級の肉質。きめ細かく美しい霜降り
⓳ ゲタカルビ（中落ち）　肋骨の間についたばら肉。やや硬めでこってり濃厚な味わい
⓴ ハトチマキ　すね肉の中でも特にやわらかい

【内臓】

◆1 タン（舌）　弾力がありサクサク。上品な甘味
◆2 ホホニク（ほほ肉）　ゼラチン質を多く含む。強い旨味
◆3 レバー（肝臓）　なめらかな歯触り。濃厚なコクと甘味
◆4 サガリ（横隔膜）　ハラミと似た見ためだが、脂が少なめであっさり
◆5 マメ（腎臓）　香りにクセがあるが、味は淡白でコリっとしている
◆6 ミノ（第一胃）　引き締まった肉質。コリコリした歯ごたえ。クセも少ない
◆7 ミノサンド（第一胃）　ミノのなかでも濃厚な脂を挟んだ厚みのある部分
◆8 ハツ（心臓）　コリコリとして歯切れが良い。脂や臭みは少ない
◆9 ハラミ（横隔膜）　やわらかく、ジューシー。濃厚なコクと旨味
◆10 ハチノス（第二胃）　あっさりして独特の食感。噛むほどに滲み出る旨味
◆11 センマイ（第三胃）　シコシコした食感。脂身が少なく、クセもない
◆12 ギアラ（第四胃）　脂が多く、薄いので他の胃に比べると噛み切りやすい。脂の甘味
◆13 ショウチョウ（小腸）　ぷるぷるとした脂身。噛みごたえのある筋肉
◆14 シマチョウ（大腸）　脂がたっぷりでコシのある歯ごたえ

Web マガジン（農林水産省「aff」2020 年 9 月号より抜粋）

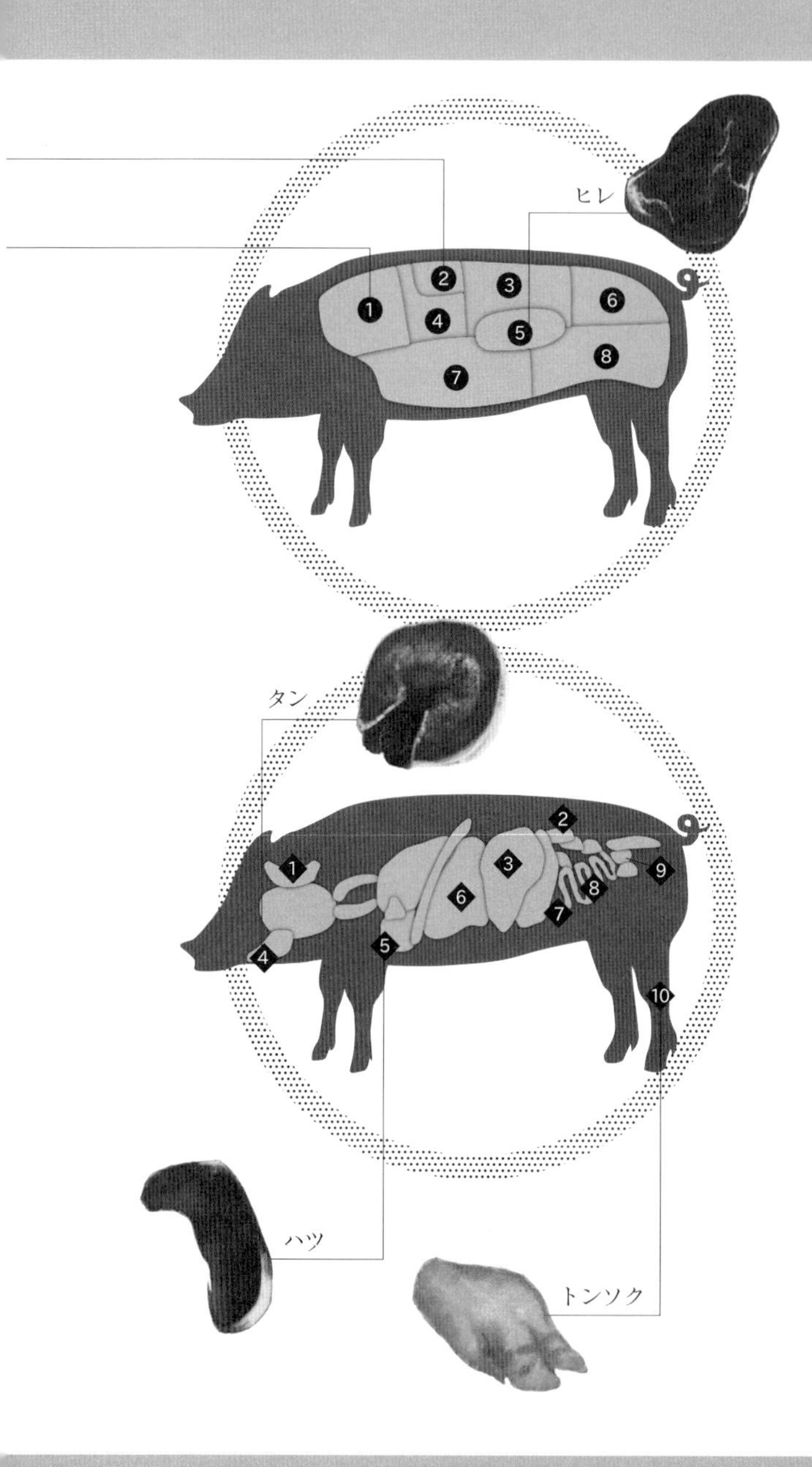

食肉部位図鑑

豚

Pork

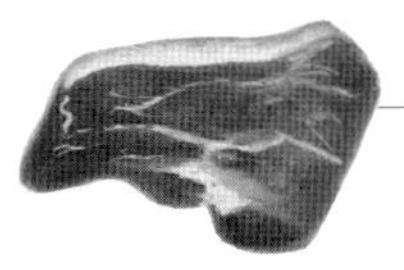

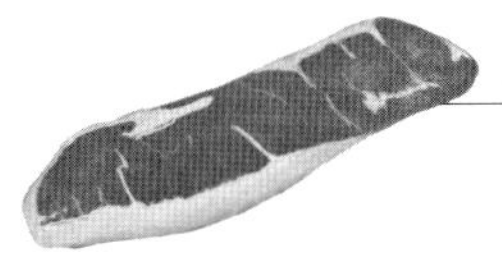

【正肉】

❶ ネック（トントロ）　頬から首の部分。マグロのトロのように脂がのった食味
❷ かたロース　粗い網状に脂肪が混ざったコクのある濃厚な赤身肉
❸ ロース　きめが細かい肉質。ヒレに並ぶ最上級部位で、とんかつなどに使われる
❹ かた　きめがやや粗く硬めの肉質。煮込み料理に使うと旨味が引き立つ
❺ ヒレ　豚肉の中でも最もきめが細かい部位。やわらかいが、加熱しすぎるとパサつく
❻ そともも　多くの豚肉料理に使える万能部位。薄切りで炒め物、角切りで煮込みに
❼ ばら　赤身と脂肪が交互に層を成しているのが特徴。骨つきを「スペアリブ」と呼ぶ
❽ もも　脂肪が少なく、ビタミンB1を多く含む。焼き豚やボンレスハムとなる

【内臓】

❶ カシラニク（頭肉）　こめかみから頬にかけての部位。主に加工品の原料となる
❷ マメ（腎臓）　栄養価が高い。形がそら豆に似ていることから名付けられた
❸ ガツ（胃）　臭みが少なく食べやすい。生のものは塩もみして香味野菜と茹でる
❹ タン（舌）　根元は脂肪が多くやわらかい。薄く切って網焼き・から揚げに
❺ ハツ（心臓）　淡白で独特の歯ごたえ。調理の際は十分な血抜きが必要
❻ レバー（肝臓）　ビタミンAや鉄分が多い。揚げ物、炒め物、ソテーに使われる
❼ ショウチョウ（小腸）　脂肪が多く付着しており、下茹でとアク抜きが必要
❽ ダイチョウ（大腸）　小腸より太く歯ごたえがある。酢の物やマリネとしても良い
❾ コブクロ（子宮）　若い雌豚のものはやわらかく淡白。網焼きや和え物に
❿ トンソク（足）　長時間煮るとゼラチン質に変化。コラーゲンなどを含有する

日本で販売されている国産豚の約4分の3は、三元豚（さんげんとん）です。三元豚とは、3つの品種の豚を交配させて生まれた豚のことで、品種ごとの長所を組み合わせています。風味や品質、食感がより良い豚を安定的に生産されています。

Webマガジン（農林水産省「aff」2020年9月号より抜粋）

食肉部位図鑑

鶏

Chicken

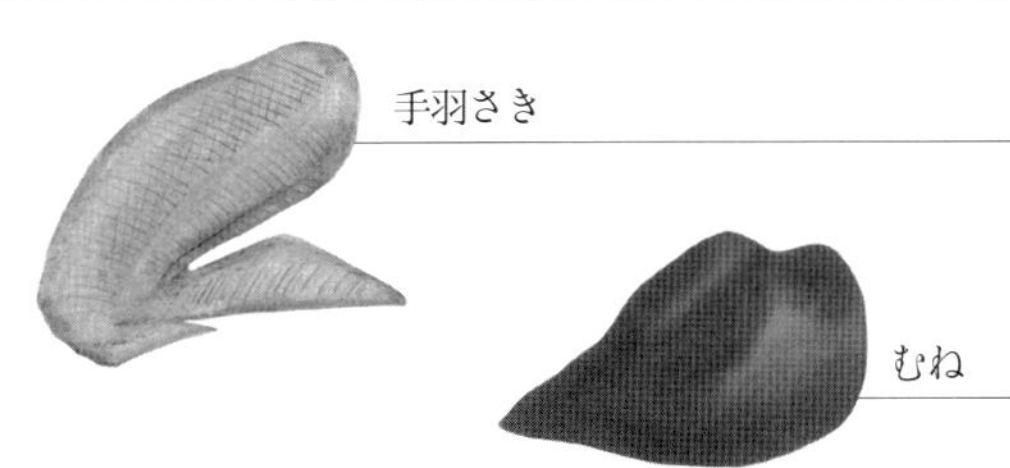

【正肉】

❶ せせり　鶏の首にある肉。ぷりぷりした食感で濃厚。噛むほどに出てくる肉汁が特徴
❷ 手羽さき　ゼラチン質と脂質が豊富。スープやカレーなど煮込みに向いている
❸ 手羽なか　手羽さきと手羽もとの中間に当たる部位
❹ 手羽もと　「チューリップ肉」とも言う。手羽さきより淡白で長時間煮るとほろほろに
❺ むね　低カロリーでさっぱりとした味わい。高温で調理するとパサパサになるため注意
❻ ふりそで　手羽のなかでも肩に近い部位。ももとむねの長所を兼ね備える上品な味
❼ かわ　脂肪分たっぷりで、旨味が濃厚。から揚げや炒め物、煮物に合う
❽ ささみ　むね肉で胸骨に沿った部位。たんぱく質を多く含む。笹の葉が名の由来
❾ もも　肉厚で旨味やコクのある肉。幅広い調理法に向いている

【内臓】

1 ハツ（心臓）　血抜きをするとクセがなく、あっさりとした味わい
2 ハツモト　大動脈がつながる心臓部分。やわらかく歯切れが良い
3 レバー（肝臓）　ビタミンや鉄分が豊富。ふわっとした食感
4 ボンジリ　尾骨の周りにある脂がのった部分。しっかりとした下処理が必要
5 ヤゲン　胸骨の先端にあるナンコツ。コリコリ感が楽しめる
6 砂肝　筋肉質で弾力があるが、さっくりとした噛みごたえ。淡白で香ばしい
7 ナンコツ　やわらかい骨の部位。骨の位置によって違った食感

鶏肉は、「ブロイラー」、「地鶏」、「銘柄鶏」に分けられます。ブロイラーとは、通常の鶏より短期間で大きく育つように改良された若鶏の総称で、品種ではありません。また、地鶏は日本農林規格（ＪＡＳ）によって定められている鶏のこと、銘柄鶏は一般に飼料や育つ環境などに工夫を加えて飼育された鶏を指します。

Web マガジン（農林水産省「aff」2020 年 9 月号より抜粋）

第2章

「焼き肉のたれ　黄金の味」誕生秘話

1978年、日本が豊かになり、経済が右肩上がりの時代に
「焼肉のたれ　黄金の味」は誕生しました。

いまや、日本全国に知られるロングセラーですが、そのルーツは、
「食べられることが第一、味はその次」の戦後まもない頃までさかのぼります。

「焼肉のたれ　黄金の味」を開発したのは私ですが、本当の父は
鋭い着眼点、大胆かつ豪胆な決断、ブルドーザーのような馬力を持った
エバラ食品の創業者・森村國夫です。

森村が見た日本の「食」の風景をおさらいしながら、
「焼肉のたれ　黄金の味」がどのように生まれたかをお話しします。

ソースやケチャップのメーカーだった

私がエバラ食品に入社したのは、1976年。エバラ食品は、創業が1958年ですから、当時はまだ18歳、青春まっただなかの若い会社でした。

ちなみに1976年は、国内で初めて五つ子が誕生し、「およげ！たいやきくん」が大ヒットし、ロッキード事件が起きた年。この年生まれの有名人には、森山直太朗、井川遥、井ノ原快彦、ムロツヨシ、木村佳乃、山本耕史、観月ありさ、一青窈らがいます。

エバラ食品は「荏原食品」という名前で、本社と工場を神奈川県横浜市に置いて創業しました。エバラは創業家の苗字と早合点されがちなのですが、そうではなく、黎明期に生産を行っていた東京都の荏原町（現在の品川区）に由来しています。創業者は森村國夫で、私が入社した頃はバリバリのやり手社長。私は森村社長からたくさん叱られ、学ばせてもらい、かわいがってもらいました。

エバラ食品は、主にソースやケチャップを製造するメーカーとして実績を積み上げ、売り上げを伸ばしていました。しかし、まだ小さなメーカーにすぎませんでした。それが1968年に初代「焼肉のたれ」を発売したことをきっかけに急成長していきます。「焼肉」に目を付けたのは社長の森村です。森村社長は、焼肉のどこにピンときたのか。話は少し長くなりますが、その理由から説明していきましょう。

日本で「焼肉」が広まったのは、戦後

「焼肉」はいつ始まったのか。それは、原始時代といわれています。人類が火の利用を発見したときに、お肉を直火で焼くという料理が生まれたようです。

日本では、明治時代に入り、牛鍋やすき焼きのような煮る肉料理が浸透しました。お肉を直火で焼く焼肉は、戦後、１９４６年以降になってからのことです。焼肉料理を広めたのは、戦前戦後に日本にやって来た朝鮮、韓国の人々です。

朝鮮半島には、現在の「焼肉」のようなお肉を焼いてたれにつけて食べる料理法はありませんでした。14世紀以降、朝鮮半島の宮廷や貴族階級の人たちの間で食べられていた「ノビアニ（肉を薄く切り落としたの意味）」という料理があり、これは、薄切り肉を調味料や香味野菜に漬け込んで焼いて食べるものです。この「ノビアニ」が後に、朝鮮半島の一般家庭で食べる「プルコギ（プルは火、コギは肉の意味）」として普及します。「プルコギ」は、薄切りのお肉をすき焼き風にして食べる料理です。まず焼いて、その後にたれをつけて食べるスタイルの焼肉は日本が発祥のため、朝鮮や韓国の方々は「日（日本）式焼肉」として韓国で流行らせました。

戦後、日本に広まった焼肉は飲食店で食べるもので、関西圏以外では、そのお肉は豚肉を指しました。牛肉は豚肉の3倍近い値段のする高級食材だったため、豚肉やマトン、鶏肉が主流だったのです。

その頃の豚肉は硬く、独特な獣臭が強かったため、焼肉店では肉をやわらかくするためにサラダ油やこめ油をもみ込み、そこに醤油、砂糖、酒、にんにくやしょうがなどを加えて漬け込み、ごま油で香りをつけてから焼いて提供していました。当時は、肉を調味料などに漬け込んでから焼くスタイルが主流だったのです。

焼肉を家庭に持ち込みたい

1960年代後半になると、急速に焼肉店の開業が増え、若者を中心に人気を集めていきました。日本は高度経済成長期に入り、消費者の食習慣が肉類主体に変わりつつありました。外食での焼肉の人気を目にした森村社長は、「なんとか焼肉を家庭に持ち込めないか」と考え始めます。

森村社長は、焼肉がウケる秘密を探ろうと、東京、横浜を中心に数多くの店を試食して回りました。それも高級店ではなく、庶民で賑わうお店を選んだそうです。そして、焼肉のおいしさの秘密は「たれ」にあることに行き着きました。当時は一般家庭で焼肉をする習慣などありません。しかし、家庭でも手軽に食べられるようなおいしいたれを作れば、新しい食習慣が普及すると森村社長は確信したのです。

当時のエバラ食品の開発者たちは、醤油をベースにアミノ酸、砂糖、みりん、果実エキス、にんにくなどを加え、これらの絶妙な配合によって、肉になじむ独特な味に仕立てました。また、食品の商品化に当たっては、安全性や保存性も考慮しなければなりませんから、加熱条件や温度の管理についても試作を何度も繰り返したそうです。

そうして、1968年に「焼肉のたれ　朝鮮風（以下、「焼肉のたれ」）」が誕生。ネーミングをどうするかという段では、ソースの延長線上にある商品とはいえ、醤油をベースにしていることから「たれ」が一番ぴったりくるとの結論に至りました。また、容器は、店頭からの持ち帰りに便利なように110cc入りの瓶を採用しました。この瓶は、300年以上続く食品メーカー「酒悦」が福神漬を詰めるために使っていて、定番型の一種でした。

「焼肉のたれ」を横浜市鶴見区の精肉店で実験販売をしたところ、珍しさも手伝って飛ぶように売れました。精肉店の店先では、森村社長自らがフライパンで肉を焼きながら、焼肉に適した肉の厚みやたれのつけ方、火加減を説明したところ、一日に500本も売れるお店まで現れたというから、驚きです。

高度経済成長に伴って、女性の社会進出が進み、共働き家庭が増え始めたこの時期。手間のかからない焼肉は大いに受け、また、同じ時期に家庭でも肉を手軽に焼けるホットプレートが登場したことも追い風になりました。

このヒットの陰には、食品業界を揺るがす大きな出来事がありました。1969年、人工甘味料チクロ（サイクラミン酸ナトリウム）に発がん性の疑いが指摘され、米国で使用禁止となりました。日本でも食品添加物として許可されていたものが取り消しになり、全国一斉に使用禁止措置が取られました。

日本政府は、チクロを使用したすべての食品を3カ月以内に回収するように通達。食品業界全体がパニックになりました。スーパーマーケットなどでは、ジャム、つくだ煮、加工調味料・ソース、飲料、アイスクリーム、スイーツ、駄菓子など販売するものがなくなり、わらをもつかむ想いでした。

この事件が起きる前年に売り出した「焼肉のたれ」は、甘さ（糖類）にこだわって、人工甘味料はおろか、合成甘味料を一切使用せず、コクのある高価な砂糖を100％使用していました。ラベルには、そのこだわりを打ち出すために、あえて「全糖」と表示していました。これが功をなし、一気に販売の追い風となって、瞬く間に売れ行きが爆発しました。その様子から、「エバラに神風が吹いた」と言われるほどでした。

カリスマ創業者の「むちゃぶり」

「焼肉のたれ」のヒットを見た業界他社は、こぞって参入し、調味料業界に焼肉のたれ市場が誕生しました。一時は100種類以上の商品が現れ、市場規模も急激に拡大。同時に価格競争も激しさを増していきました。また、消費者のニーズも変化し、首都圏では高級タイプのたれが登場し、関西では地元メーカーのたれが人気を集め、エバラ食品は次の一手を探していました。

その次の一手が、第1章の後半でお話しした、「ハンバーグのたれ」です。「ハンバーグのたれ」は試作段階での感触は良かったのですが、塩分が低く腐敗しやすいため、既存の設備で厳しい衛生管理を保ちながら量産するには苦心しました。常温での保存が可能になるように、製造ラインの入口から出口まで蒸気殺菌を試みるなどのテストを繰り返し、最終的には配管の一本一本にわたって丁寧に洗浄していくことで安定供給を可能にしました。今でこそ、たれの常温保存や工場設備の蒸気などによる一括殺菌は常識ですが、当時はとても画期的なことだったのです。しかし、「ハンバーグのたれ」は、次の一手と呼べるほど大きなヒットには至りませんでした。

初代「焼肉のたれ」は、関東を中心に浸透していました。しかし、関西エリア、特に大阪市場では、醤油ベースの塩辛さが敬遠され、苦戦を強いられていました。関東では、主に豚肉やマトンをたれに漬け込んで焼くのが一般的で、醤油や塩気の効いた濃厚な味を好みます。「焼肉のたれ」は、漬け込むことで肉の臭みを消し、繊維が細かく味がしみ込みにくい豚肉にはちょうど良い味の濃さでした。しかし、関西では、牛肉が中心の素焼きがメインで、しょっぱさを嫌い、甘さやダシのうま味の強い味を好みます。「焼肉のたれ」は、繊維が太く味がしみ込みやすい牛肉で食べると、関西人にはしょっぱ過ぎたのです。

1977年のある日、私は森村社長から呼び出されました。「醤油味や味噌味ではなく、根本的に味を変えた焼肉のたれを作ろう」。さらに、育ち盛りの子どもたちが肉をたくさん食べられるように「甘さを追求したたれで、たれだけですすれるぐらいでなければダメだ」とも。この一言によってやがて誕生するのが、「焼肉のたれ　黄金の味」です。

時代は、飼料の改良や流通システムの発達で、おいしい牛肉が手に入りやすくなっていました。焼肉も肉本来の味を楽しむ〝素焼き〟という食べ方に変わっていきました。素焼きで肉を食べるには、たれそのものがおいしくなくてはなりません。

関西の方にも喜んで食べてもらえる新商品が開発できれば、全国制覇も可能になります。そこで、森村社長からは3つの開発ポイントが具体的に提示されました。

（1）すすれること

↓関西人の嗜好にも合った甘さと、お肉と一緒に飲めるくらいのたれの濃度

（2）からみつきが良いこと

↓素焼きのお肉にしっかりとからみつく、とろみの強いたれ

（3）高級感があること

↓消費者ニーズは、「安い肉をおいしく」から「おいしい肉をよりおいしく」へシフト。価格も初代「焼肉のたれ」の2倍を考えて開発

開発に与えられた期間は3カ月。新商品の開発は、通常1年程度かかるのですが、とにかく急げと。むちゃぶりもいいとこです。入社まもない若造にかなりの難題を預けた森村社長の肝っ玉の大きさには、いま振り返ってもすごいなぁと感心します（笑）。

りんごを主役に、もも、うめを組み合わせ

当時、私は北海道から沖縄まで飛び回って、原材料の調達も担当していました。それに、新しいたれの開発命令が加わりました。会社の規模が小さく少人数だったので、私に限らず、社員は一人で何役もこなしていました。こうしたモーレツな状況というのは、くたくたになりますが、予期せぬ朗報をもたらしてくれることもあります。私の場合は、原材料の調達を経験していたことが、3カ月で新商品開発という異例の事態を救ってくれました。

開発にあたり、私が最初に決断したことは、原料にフルーツを使うこと。バナナ、パイナップル、マンゴーなど、たくさんの種類のフルーツを試しました。中には、使わなかった(使えなかった)フルーツもあります。最終的に選んだのは、主役はりんご、脇役にももとうめという組み合わせです。

第1の開発ポイントである「しょっぱくなく、肉と一緒にすすれること」に対しては、有機酸を多く含むりんごやもも、うめの配合によって、塩分を従来のたれの約半分に落とそうと考えました。りんごで特別濃いピューレを作って味に深みをもたせ、おいしい香りが特徴のももや、完熟のうめで後味を締めるというものです。この組み合わせであれば、塩かど（舌を直接に刺激する塩味）を感じることなくフルーツ由来の爽やかな酸味（りんご酸やクエン酸などの有機酸）と甘みを、味わえます。

さらに、この甘い・酸っぱいの組み合わせでは、うま味を増強するエンハンス効果を狙いました。エンハンス効果って初耳ですか？　スイカに塩を振ったら一層甘くなったという経験はありませんか。これは、塩味の強さを感じずに塩がフルーツ由来の爽やかな酸味や甘みを高め、さらにうま味を増強させる効果があるからなんです。こうした変化をエンハンス効果と呼びます。

また、フルーツ由来の爽やかな酸味を使うことによって、旨味を引き締め、さらに脂の強い肉でも飽きのこない味にする効果も狙いました。これは、餃子のたれの理屈と同じです。餃子のたれには、酢が含まれています。酢やクエン酸は、うま味を引き締めると同時に、脂の強いお肉でも飽きのこない味にしてくれます。この特性を活かして、私はクエン酸をたっぷり含んだうめや醸造酢を配合したのです。

りんごのペクチン質で「とろみ」演出

第2のポイント、たれを素焼きの肉にしっかりからみつかせるために、「とろみ」を工夫しました。でんぷんや多糖類等の添加物は「もったり」して「糸を引く」ため、お肉に合わせるには違和感がありました。これらを使わずに「とろみ」をもたらすものを探し続け、着目したのがりんご。特に、完熟りんごにたくさん含まれるペクチン質です。ペクチンに含まれる食物繊維は水に溶けるとゲル状になります。その性質を活かそうと考えたのです。

さまざまなりんごでトライしていくうちに、品種や収穫時期（未熟果、完熟果、過熟果）、加工条件でとろみの出方が違うこともわかってきました。求めるとろみ、安定したとろみの確立までには、かなり苦労しました。

味わいの点でいうと、主役のりんごに、りんごとは甘さ、香りの質が異なるももを組み合わせることで深みも工夫しました。りんごは主成分である果糖が約50％なのに対して、ももは成分の70％前後がショ糖のため、甘さにコクがあります。りんごとももを組み合わせ、さらにうめを加えることで、スッキリした中にも奥行きのあるコクが生まれるという合わせ技を仕掛けました。そのことによって、飽きのこない味となり、フルーティな味わいと自然な甘さを演出し、高級感にもつながりました。さらに、蜂蜜やビーフエキスを加え、味わいの深さをより増すことができました。

ところで、ももはフルーツの中でも高級ですね。当時もそうでした。なぜ、私たちがももを採用できたのか。ここにも、時代の「偶然」がありました。

さかのぼること約60年。1964年に、「不二家ネクターピーチ」が新発売され、大ヒットしました。翌年には、大手メーカーがネクター市場に参入し、原料需要が著しく伸長しました。ももの生産農家はメーカーの増産体制に対応しようと、毎年ももの栽培面積を広げ、生産量を増やしていきました。しかし、1973年頃から消費者の飲料嗜好が「爽やかさ」、「すっきり感」、「のど越しの良さ」などに移り、炭酸飲料や缶コーヒーの台頭によって、ネクターピーチ等のとろみの強い濃厚感のある飲料の影が薄れてしまったのです。

1977年頃には、ももの加工品が停滞在庫の山となり、農産加工メーカーや生産農家が経営不振になるほど、困った状況になりました。エバラ食品は、その情報に飛びつき、開発中だった「焼肉のたれ　黄金の味」の原料に採用することとしました。甘みやコクのこだわりと高級感を目指していた私たちには、幸運でした。

その後も、森村社長からは、非常にハードルが高い要求が出され続けました。私は研究室にこもって、小さなミルクパンで試作を繰り返しては毎日0時過ぎに帰宅。消毒用のアルコールで具合が悪くなったり、激務で鼻血を出したりしていました（笑）。

試作してはダメ出しが続いた日々

私には味だけではなく、使い勝手へのこだわりがありました。とろみをつけすぎると、瓶から出てこなかったり、出るには出るもののたれが分離していたり。逆に、とろみを抑えると、社長から「たれがこんなシャバシャバだったら、肉についてこないだろう。ちょっとは考えろ」と叱られ、本当に苦労しました。森村社長の目線は常に、肉を手軽に、おいしく、たくさん食べたいお客さまに向いていました。お客さまに選ばれ、喜ばれるたれでなければ作る意味がないとばかりに、終わることのないダメ出しが続きました。

3つ目の開発ポイントとなる高級感の演出では、洋風ソースを想起させようと、ブランデーや香水の瓶を参考にデザインした「ダイヤモンドカット」の瓶を採用することにしました。「高級感」、「見栄えの良さ」に加え、物理的衝撃への耐久性も担保できるオリジナル容器には、当時のエバラ食品のひし形のロゴマークをイメージさせるデザインをほどこしました。ただ、この話は後付けできれいに整えられていますが、そもそもは第1章でお伝えした「ハンバーグのたれ」の失敗で在庫の山となった瓶の活用から始まっています。

森村社長は衛生面でもとにかく安全、安心な商品を目指していました。社長のOKが出たときはもちろんうれしかったんですが、「ハンバーグのたれ」で懲りていた私はより長く保存できることを実証するため、営業が問屋さんに売り込みを始めていたにもかかわらず、通常の開発時より長い間、試作品を恒温器（温度を一定に保持できる器具）にかけ続けました。1978年2月、安全性にまったく問題はないという確証を得て、6月に全国で発売しました。

「焼肉のたれ　黄金の味」のネーミングを決めるにあたっては、社内から案を広く募集しました。森村社長は、ここでもダメ出しの連続です。当時、NHK大河ドラマ「黄金の日日」が大人気となっていたことにヒントを得た森村社長は、「〝黄金〟は言葉の響きに重厚感があり、人気テレビドラマのタイトルに使われているというタイミングの良さもある」との理由から、「焼肉のたれ　黄金の味」と命名しました。

こうして無事発売になった「焼肉のたれ　黄金の味」は、自信をもって世に送り出した私にとっても驚くほどの売れ行きでした。ある日出社すると、営業所の偉い所長さんたちが「焼肉のたれ　黄金の味」の取り合いをしていました。「オレんとこが先に400ケース申し込んでるんだ、そっちは200でいいじゃないかっ！」と（笑）。あの光景はいまだに忘れられません。

お肉をマスターする、おいしい話②

赤身肉に適した「漬け焼き」とは

焼き加減が難しいといわれている赤身肉。最近は、お肉をたれに漬け込んでから焼いて食べる「漬け焼き」が人気です。肉質の硬い赤身肉や、臭みが気になるお肉を食べるときにもよく合う食べ方で、冷めてもやわらかいので、かむ力が弱い高齢者やお弁当にもおすすめです。漬け焼きのおいしさのカギをにぎるのは、「食感」、「香り」、「うま味」の3要素。一つひとつを簡単に説明します。

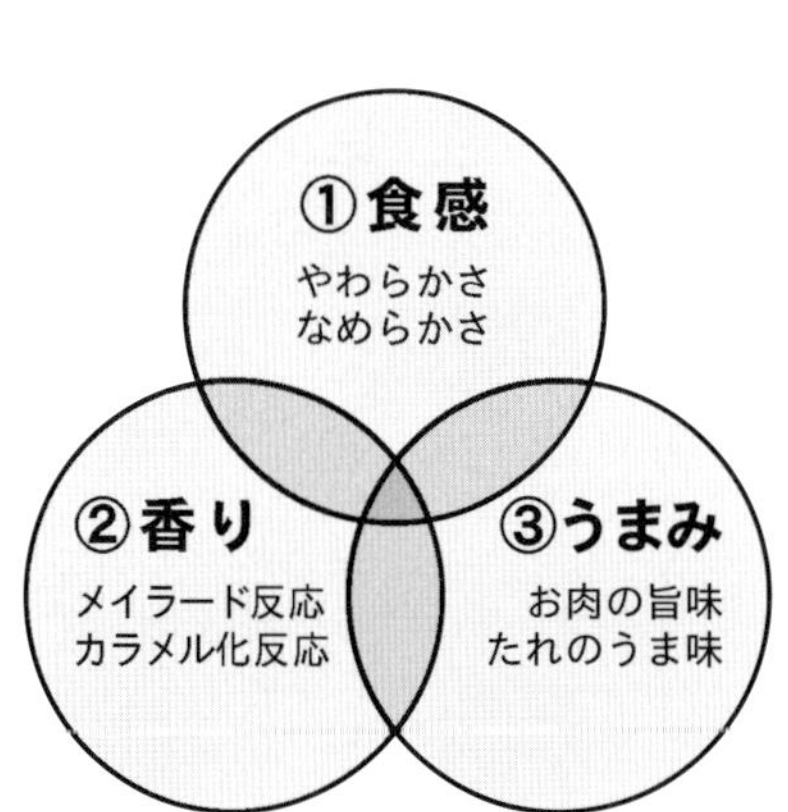

おいしさの3要素

おいしさの3要素　①食感

お肉にとって、やわらかくジューシーな食感はおいしさの決め手です。私たちが食べるお肉は、通常pHが5.5～6.0の状態で流通しています。これはもっとも保水性が低く、水分や旨味を含む肉汁が流出しやすい状態でもあり、加熱すると肉汁はどんどん出てしまい、お肉は硬くなってしまいます。

肉汁を逃さないためには、お肉は買ってきたらできるだけ早めに、たれに漬け込むこと。たれに含まれる有機酸の働きによって、筋繊維にすき間ができ、そこに糖やアミノ酸が入り込んで、肉汁の流出を抑えるとともにジューシーなお肉になります。

おいしさの3要素　②香り

お肉を焼いたときに発生する、あの香ばしい香りは、アミノ酸と糖が引き起こすメイラード反応（アミノカルボニル反応）によるものです。パンを焼いたときや、すき焼きやかば焼きを調理するときに出るおいしい香りも同じです。

お肉を素焼きにしてもメイラード反応は起こりますが、お肉には含まれる糖が少ないため、それほど活発な反応はみられません。ところが、糖やアミノ酸を多く含むたれに漬け込んでお肉を焼くと、メイラード反応に加えてカラメル化反応（詳しくは第3章で説明しています）が同時に起こり、鼻をくすぐるようないい香りがたくさん生み出されます。

おいしさの3要素 ③うまみ

お肉には、核酸系の旨味成分であるイノシン酸が多く含まれています。イノシン酸はアミノ酸系のうま味成分であるグルタミン酸と合わせることで、うま味が何倍も強く感じられるという特徴があります。

たれには、醤油や香味野菜由来のグルタミン酸が多く含まれています。お肉と一緒に食べることでうま味の相乗効果が起き、お肉がぐっとおいしくなります。

フライパン式「漬け焼き」テクニック

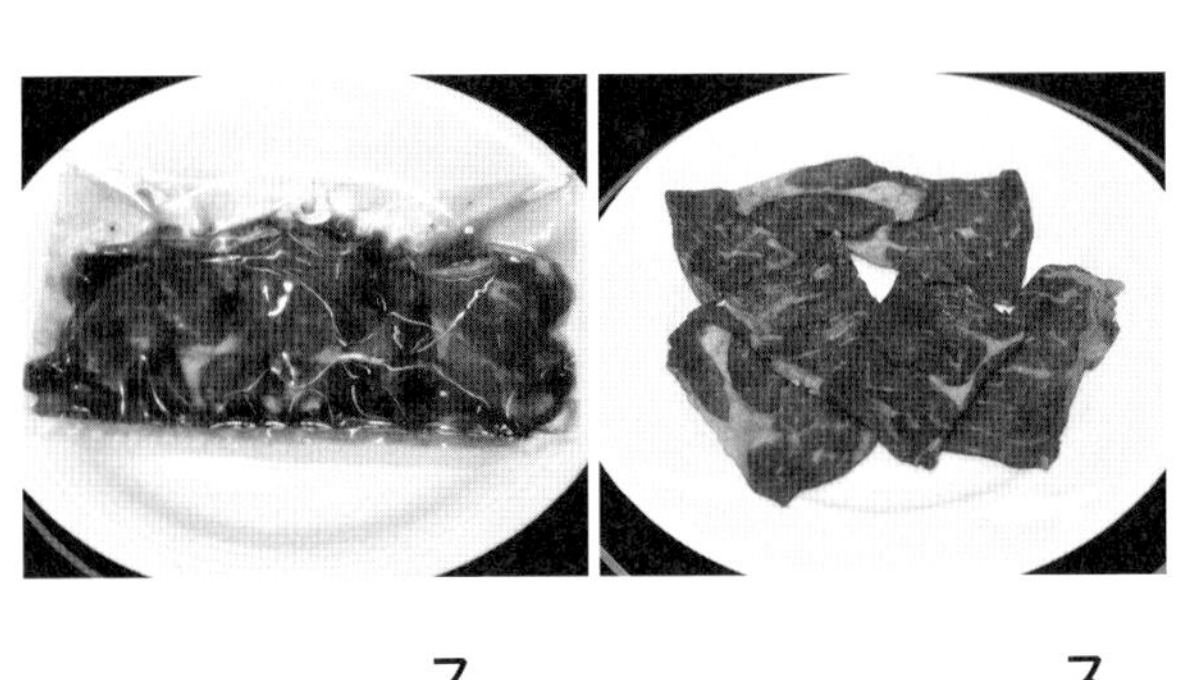

ステップ1　お肉を常温に戻す

フライパンの温度を急激に下げないためにも、お肉は常温に戻しておくこと。目安は約30分で、早く戻したいときはお肉を薄く、平らにならすといいでしょう。

ステップ2　たれをお肉にもみ込み、30分おく

お肉の重量に対して、たれは20〜25%。漬け時間を短くしたいときは、たれの量を増やします。たれがしみこむことでお肉がやわらかくなり、お肉の臭みも消えます。

ステップ3　フライパンを中火で、うすく煙が出始めるまで熱する

フライパンからうすく煙が出始める温度は、約200℃。フライパンに初めから油を入れてしまうと、油が高温になってしまい、お肉の焼きムラの原因になるので、フライパンだけを熱します。

ステップ4　一度火を止め、フライパンにうすく油をなじませてから中火にする

一度火を止めてフライパンに油を引き、キッチンペーパーなどを使い、うすくなじませます。フライパンに油の被膜ができ、お肉のこびりつきを防ぐことができます。また、均一な温度でお肉を焼くことができます。

ステップ5　お肉をフライパンに1枚ずつ並べ、やや強めの中火で表面を速やかに焼き固める

表面を一気に焼き固めることで肉汁の流出を防ぎます。一度にたくさんのお肉を焼こうとすると、フライパンの温度が下がり過ぎてしまうので、少量ずつ焼きましょう。

ステップ6　お肉の表面に肉汁が浮いてきたら裏返す

お肉の周りの色が変わり、肉汁が浮いてきたら、お肉の中心温度が65℃に上がった目安。お肉を裏返すのは一度きりに。何度も返すと焦げて硬くなってしまいます。

ステップ7　たれを鍋肌から回し入れ、照りや香ばしさが出てきたら完成！

第3章

おいしさは、科学的に考えてつくる

「ものすごく時間をかけて作ったのに、食べるのは3分とかからない」。
お母さんがそんなことをこぼしたことはありませんか。

おいしいものは、食べるのは簡単。でも、作るのは大変なんです。

この章では、私の頭の中にある食にまつわる科学的知識をどのように組み立てて、「焼肉のたれ　黄金の味」を設計していったかをお伝えします。

やや専門的なことも出てきますが、できるだけわかりやすくしたつもりです。
食品加工に興味がある方はもちろん、食べることがお好きな人もぜひご一読ください。

お肉は加熱すると硬くなる

私たちはふだん、「おいしい」、「おいしくない」と感覚的に言いますが、何がどうなったらおいしいと感じるのでしょうか。味は悪くなくても、ぬるかったり、見た目が悪かったり、予想していない匂いがしたりすると、おいしいとは感じません。おいしいとは、いくつもの要素がかみあって生まれるもの。チームプレーによって成り立っているものなのです。

「焼肉のたれ　黄金の味」は、お肉をもっとおいしく味わうためのたれです。主役は

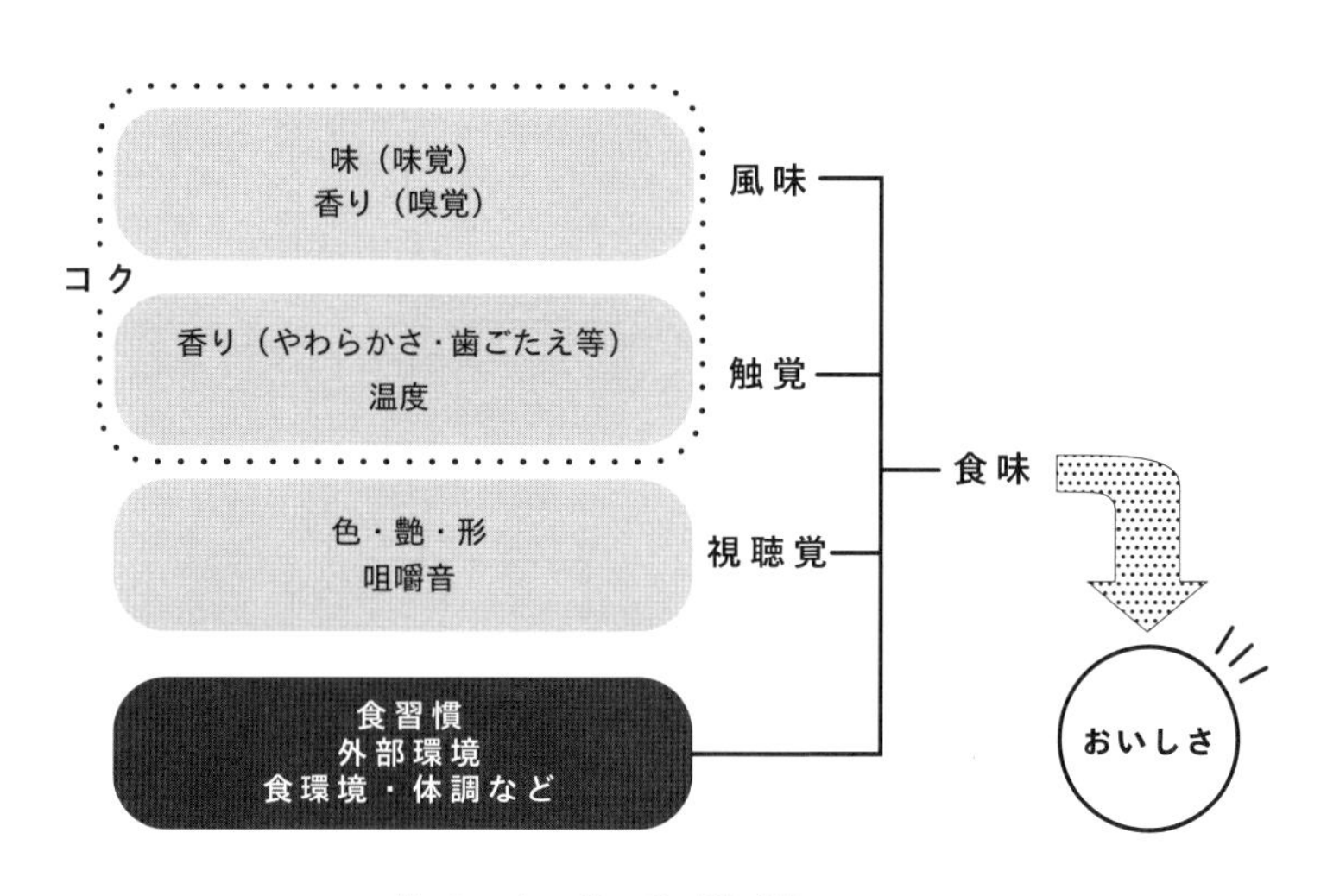

おいしさの要因

お肉。お肉の性質や特性をよく理解すると、もっとおいしく楽しめます。

奮発して買ったお肉なのに、焼きすぎて硬くなり、モサモサしてがっかりしたという経験はありませんか。牛肉、豚肉、鶏肉にかかわらず、お肉は焼きすぎると硬くなります。そもそもお肉は、加熱するとたんぱく質の分子構造が変化して硬くなるものなのです。

お肉の主成分であるたんぱく質は、20種類のアミノ酸が複雑につながってできたネックレスのような作りをしています。たんぱく質を加熱すると、このネックレスが激しく揺れ動いて、ほどけてしまい、別の分子とくっついて大きな集合体を作ります。これが、お肉が硬くなるメカニズムです。お肉は加熱によって保水性が低下し、肉の水分とともに旨味成分が流れ出ます。これが行き過ぎると、モサモサしておいしくないお肉になってしまいます。

肉の保水性とやわらかさ

加熱による肉の保水性とやわらかさの減少

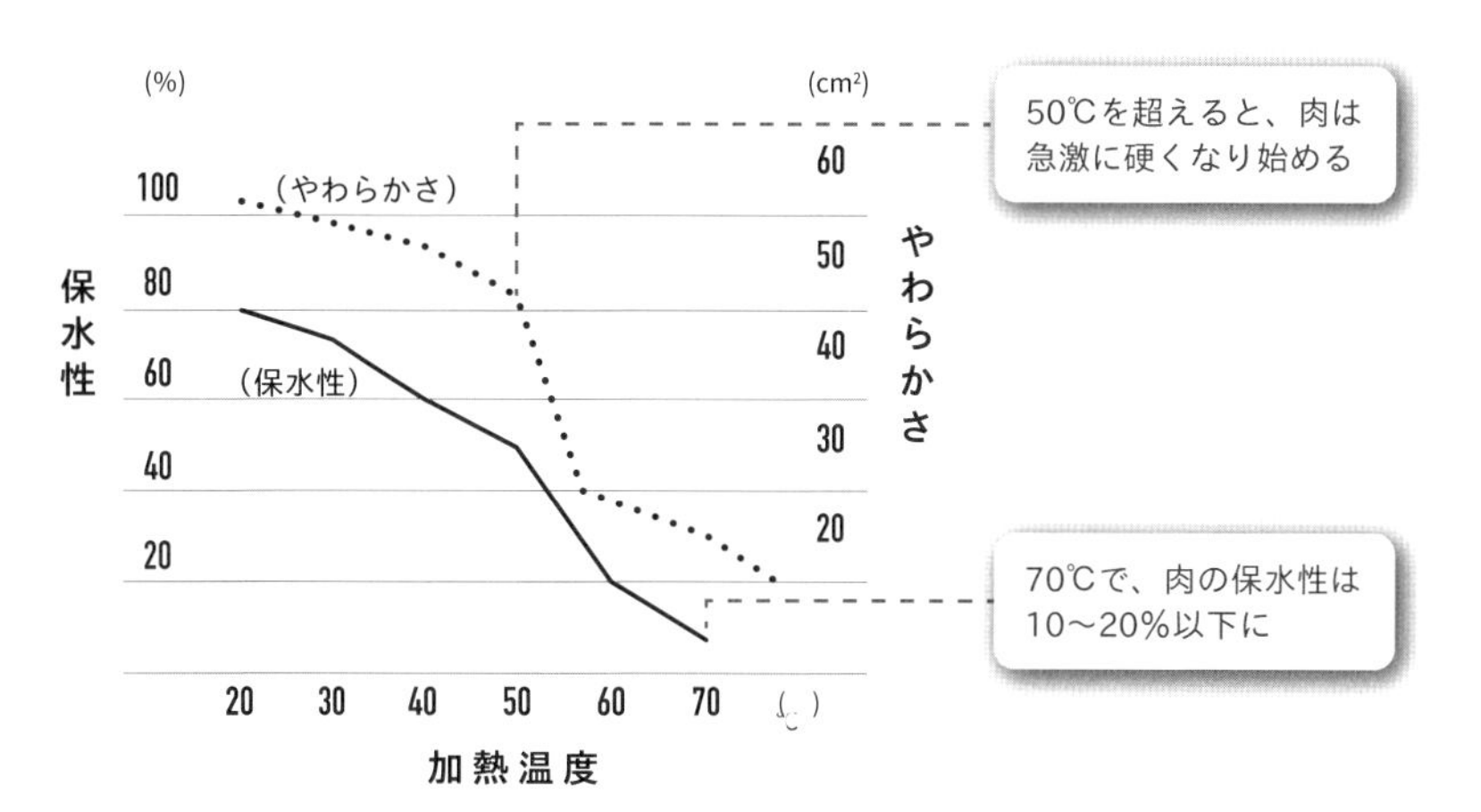

加熱前生肉の保水性と加熱による分離水

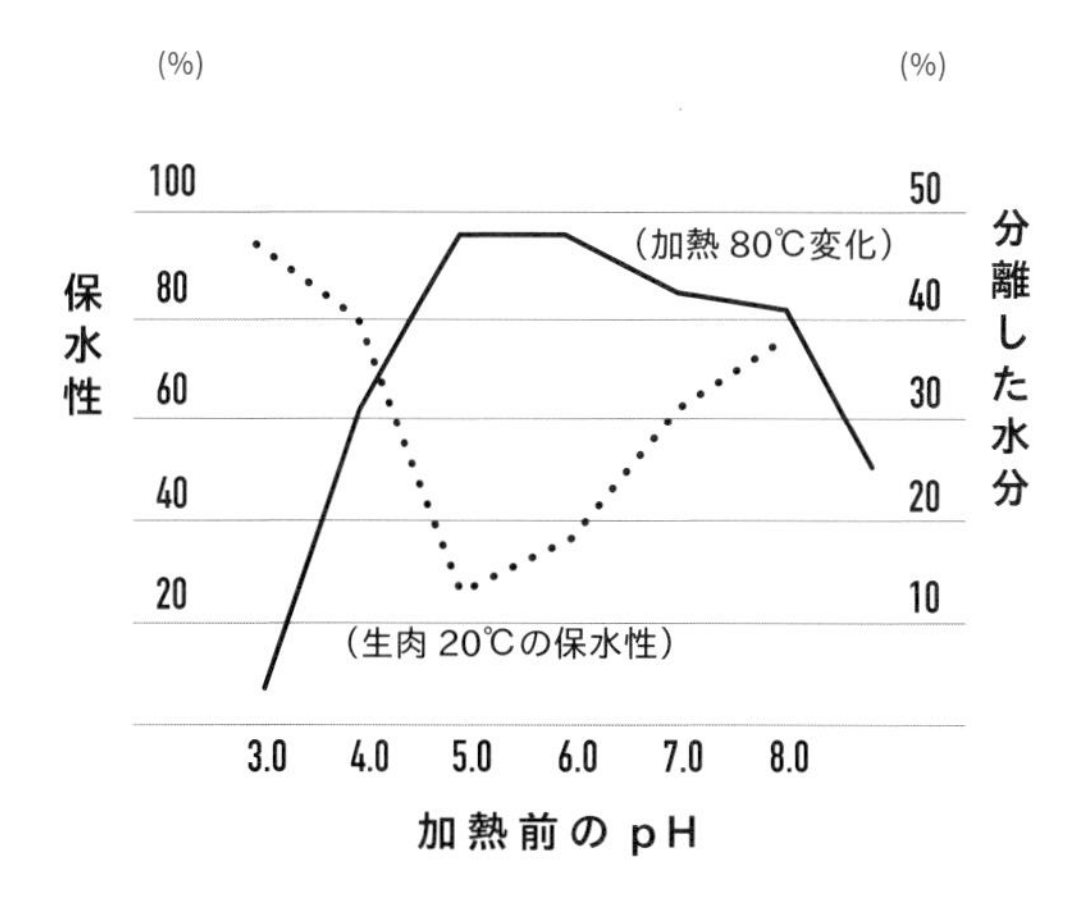

おいしさの3要素をどう組み立てるか

焼肉には、おいしさの3要素があるというのが、私の持論です。

①食感／やわらかさ（ジューシーさ）、なめらかな口触り
②香り／メイラード反応とカラメル化反応
③うまみ／お肉の「旨味」とタレに含まれる「うま味」の合体

●●●

1番目の食感、なかでもジューシーさを保つために、「焼肉のたれ　黄金の味」には、うめなどの有機酸が入っています。お肉の中に有機酸が入ると、筋繊維の間にすき間が生まれ、そこに糖やアミノ酸が入り込んで保水性が高まるからです。また、なめらかな口触りは、お肉とたれのからみをよくすることで高めようとしました。

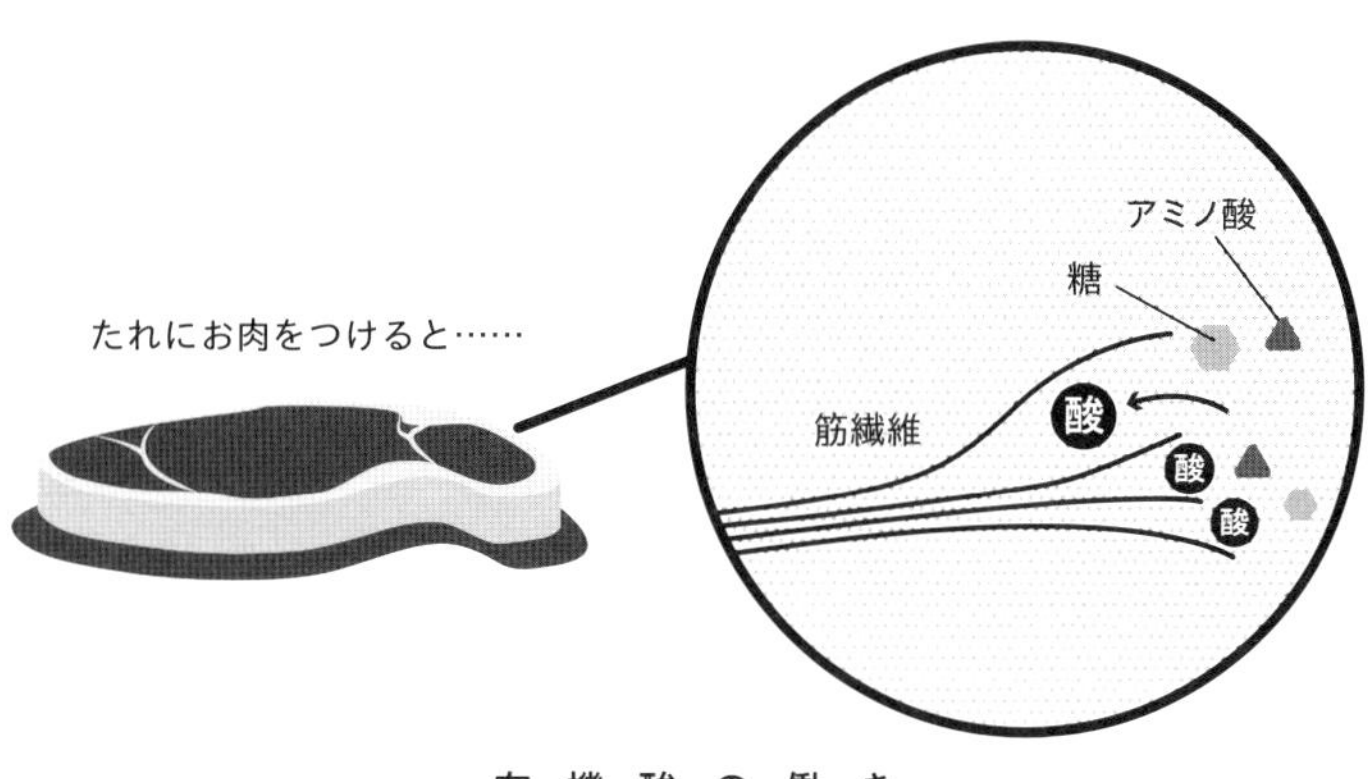

有機酸の働き

2番目の香りについては、醤油と砂糖に漬けた肉を焼き、焦がしたとき、なんともいえない香ばしさが広がり、食欲がそそられますね。この謎を解くキーワードが、「メイラード反応」(アミノカルボニル反応)です。

メイラード反応とは、たんぱく質やアミノ酸と糖が化学的に作用し、褐色物質と香り物質を生み出すことで、この褐色物質はメラノイジンといいます。焼肉屋さんから出るいい香りはメラノイジンと、そのほかのうま味が焼けた香りが混じり合ったものです。

肉をそのまま焼いてたれにつけて食べるより、肉をたれに漬け込んで焼いたほうが、香りが強くなります。それは、肉の中まで浸み込んだたれが肉汁と合わさり、独特の香りを作り出し、さらに、たれに多く含まれる糖やアミノ酸、有機酸が肉汁を包み込み、焼くことでメイラード反応とカラメル化反応が同時に激しく起きるからです。

カラメル化反応とは、糖分が加熱され、褐色物質と苦み成分、独特の甘い香りが発生することで、この褐色物質はカラメルといいます。また、砂糖の加熱が進むにつれてカラメル特有の苦みを持つ物質ができます。クッキーやパンを焼いたとき、いい香りがしますね。あれは、カラメル化反応のたまものです。

3番目は、肉の「旨味」とたれの「うま味」の合体です。みなさんは、調理香（クッキングフレーバー）をご存じですか。調味素材と調味料が合体して焼けた香りのことで、エバラ食品をはじめとする調味料会社はどこもこの調理香を研究し、メラノイジンと相性の良くなる調味料のブレンドを追求しているんです。たれは、そのまま食べてもおいしく、加熱して味わうとさらにおいしい調味料へと変身しなければならないと考えているわけです。「焼肉のたれ　黄金の味」は、焼いた肉をつけて食べてもも

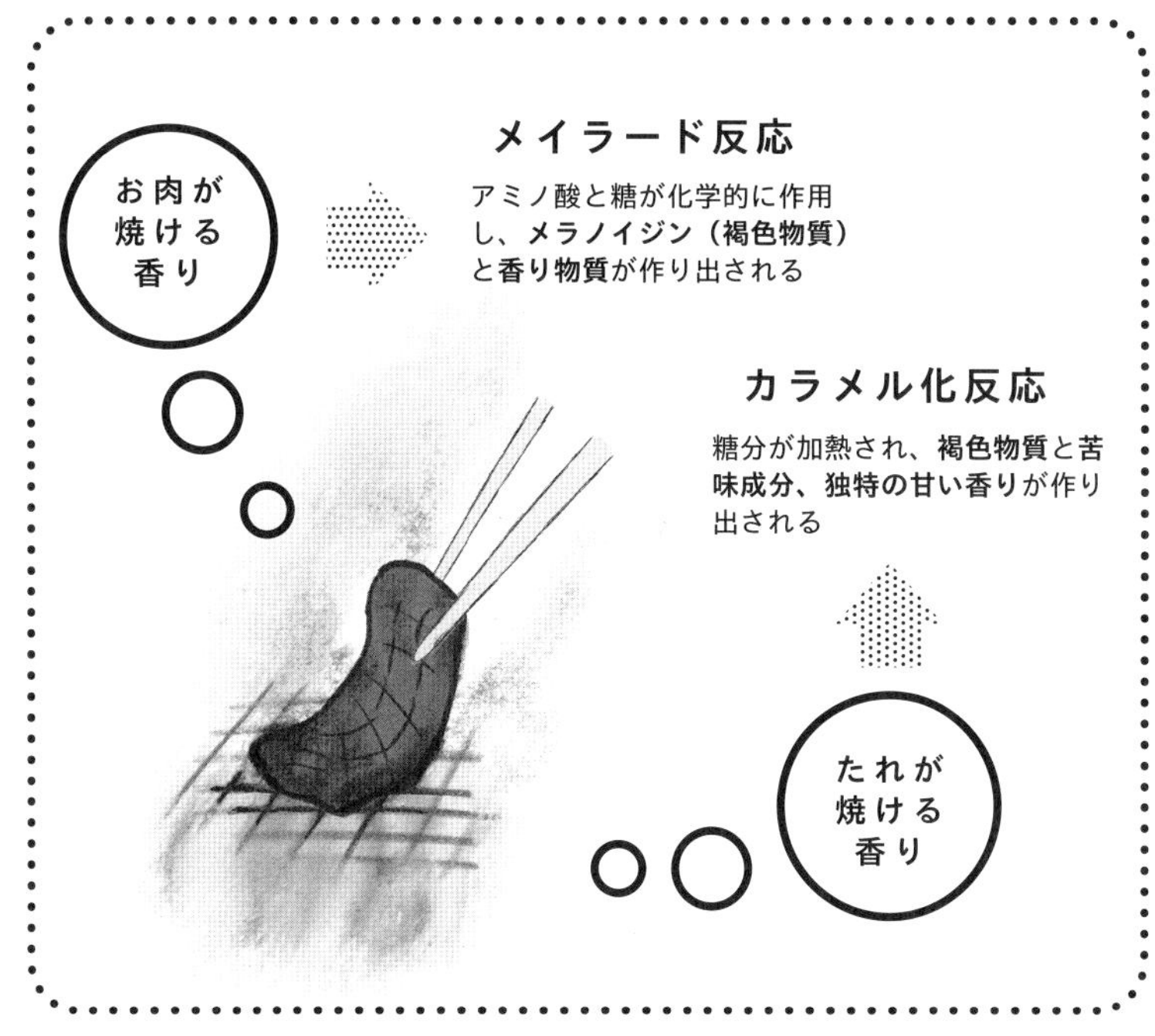

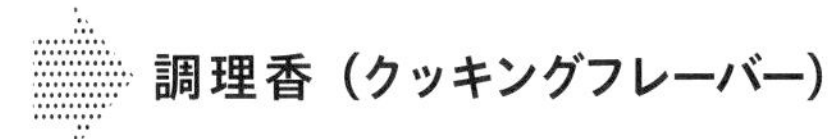

調味素材（お肉）と調味料（たれ）が合わさり、焼けたときの香り。加熱時に生まれる香りの相性を考えてブレンドしなければいけない

例

メイラード反応が起きている食品	カラメル化反応が起きている食品	メイラード反応・カラメル化反応が同時に起きている食品
焼肉の表面	プリンのカラメルソース	カカオやコーヒーの焙煎
パンの耳やトースト	キャラメル	ビール
ご飯のおこげ	など	焼肉／焼き魚／焼きとり
炒め玉ねぎ		うなぎのかば焼き
味噌／醤油		製パン
など		など

ちろんおいしいですが、漬けてから焼くともっとおいしくなるのです。

「漬け焼き」の一番のメリットは、たれに漬け込むことで肉の保水性がアップし、ドリップが少なくなりジューシーになること。ドリップとは、お肉をのせたトレーや、冷凍肉を解凍したときにたまる「赤い汁」のこと。肉の内部から分離して出る液体で、たんぱく質、ビタミン類、旨味成分も含んでいます。つまり、ドリップが出ると水分とともに栄養価や旨味も減り、お肉がパサパサしてしまいます。お肉をたれに漬け込むことで、おいしさが逃げるのを防ぐわけです。

たれに含まれるグルタミン酸やイノシン酸、甘みとなる糖類、有機酸などが肉の旨味成分をより一層引き出します。「焼肉のたれ　黄金の味」では、この点はかなりしつこく設計しました。

たれに含まれるにんにくやしょうがなどの香味野菜や香辛料、砂糖などには、臭みを消す効果があります。また、お肉にからんだたれが、メイラード反応を高め、おいしい香り成分のメラノイジンなどを生成することで、お肉をよりおいしくさせます。

原料の1／3が完熟した国産りんご

さて、ここからは「焼肉のたれ　黄金の味」の主な原材料について詳しく取り上げていこうと思います。

まず、りんごです。「焼肉のたれ　黄金の味」は、生まれた時からずっと、国産りんごが主役です。現在販売されている「焼肉のたれ　黄金の味」は、国産りんごのピューレが原料の3分の1を占めています。りんごに着目し

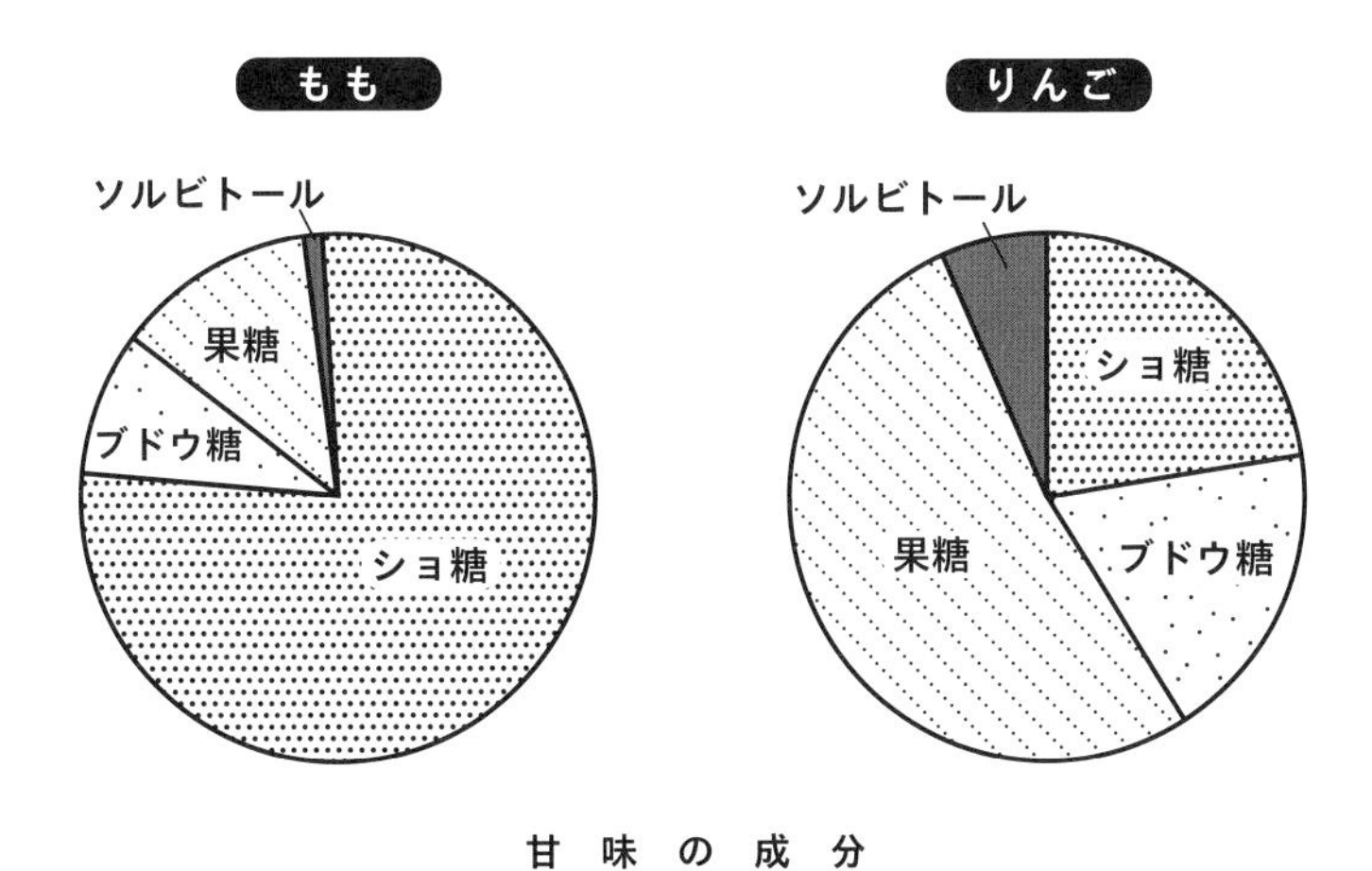

甘味の成分

たのは、食べ飽きしない味を作るには、甘さの選び方がポイントだと考えたからです。甘さには、先味・中味・後味とありますが、砂糖だけだと甘さのピークが1カ所で終わってしまい、くどくなりがちです。

野菜や果物に含まれる糖には「シュークロース（ショ糖・砂糖）」、「グルコース（ブドウ糖）」、「ラクロース（果糖）」、「ソルビトール（糖アルコール）」の4つの種類があります。それぞれの甘味度を比べてみると、以下のグラフの通りです。

りんごは、バラ科りんご属の植物です。バラ科の植物というのは、光合成で蓄えたでん

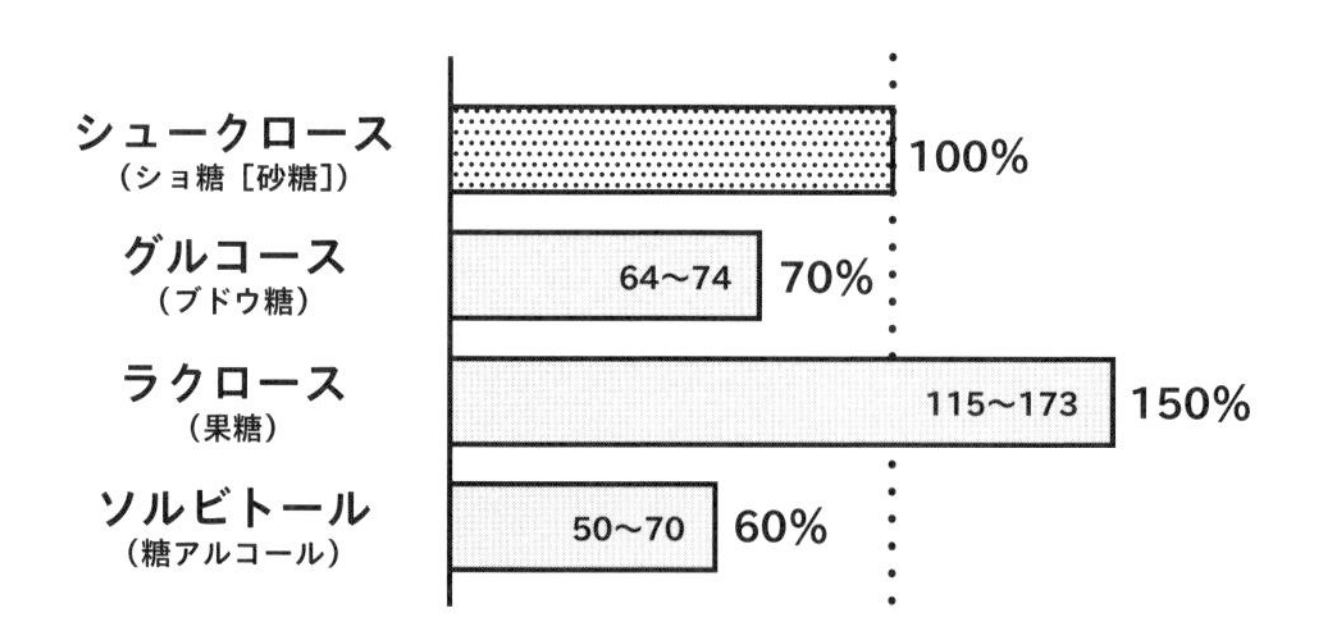

野菜や果物に含まれる主な糖の甘味度
（ショ糖に対する各糖の割合）

粉をソルビトールに変換します。りんごの「蜜」はこのソルビトールの集合体であり、りんごは甘みの主成分の中でソルビトールの比率がほかのフルーツよりも高いのです。その上、果汁の中に自然に含まれる有機酸や甘みの強い果糖などのバランスが良いため、さっぱりとした甘さを表現することができます。第2章でもふれましたが、「焼肉のたれ　黄金の味」が求めた「とろみ」についても、りんごがもつペクチンが大きな役割を果たしています。

約2000ある品種の中から厳選

とても重要な原材料であるりんごですが、実際、日本には何種類のりんごが栽培されていると思いますか？　なんと、約2000種類の品種があるんです。そして、その糖度や酸度も品種によってまちまちです。

国内でのりんごの流通は、1960年から1970年代前半は、青果用として「紅玉」、「国光」、「印度」が主流で、加工用は「紅玉」が多かったのですが、1980年代に入ると「ふじ」が主流となり「王林」が続きました。

販売開始時の「焼肉のたれ　黄金の味」は「紅玉」を使用しました。現在は保存性に非常に優れている「ふじ」を中心に「王林」なども使用しています。

ただ、現在の「ふじ」、「王林」の糖度と酸度は、1970年代の「紅玉」と比べて甘みが約2倍、酸味は半分です。食環境ニーズに合わせてりんごの甘みや酸味が進化・変化していることに応じて、「焼肉のたれ　黄金の味」もりんごの品種や比率を見直すことで味のバランスを調整しています。

また、りんごが未熟でも過熟でも、とろみの素となる成分が発揮されないため、「焼肉のたれ　黄金の味」は誕生以来、一貫して完熟での収穫を徹底しています。

人の味覚は様々です。甘さの好みも微妙に異なっています。焼肉を食べる季節や、

エバラ食品が使用しているりんごの品種

品種	誕生年／誕生地	元となる品種	収穫時期 8月	収穫時期 9月	収穫時期 10月	特徴
紅玉	1800年頃 ニューヨーク州	偶発実生		↔	↔	英名は「ジョナサン」。酸味が強く煮崩れしにくい
ふじ	1939年 青森県	国光（母） × デリシャス（父）			↔	世界最多の生産量。果汁が豊富で味のバランスが良い
王林	1952年 福島県	ゴールデンデリシャス（母） × 印度（父）			↔	黄味がかった緑色の果皮。甘味が強く、貯蔵性良し
津軽	1975年 青森県	ゴールデンデリシャス（母） × 紅玉（父）	↔	↔		ふじに次ぐ国内生産量。果汁が多く、果肉がやわらかい
国光	18世紀後半 バージニア州	不明			↔	50年代まではポピュラーだった。果肉が硬い
デリシャス	1870年頃 アイオワ州	偶発実生		↔		濃い赤色。北米で多く出回っている
ゴールデンデリシャス	1914年 ウェストバージニア州	グリムス・ゴールデンの自然交雑実生		↔		果皮が黄色く、甘味が強い。1923年に日本へ導入
印度	1875年 青森県	不明	↔			水分が少なく歯ごたえがない。甘味が強く酸味が少ない

お部屋の温度、たれの温度の違いが、お肉のおいしさに影響します。お肉を多くのお客さまに、いつでも、おいしく召し上がってもらえるたれに仕上げるには、りんごに、ももなどの果物、香味野菜を加えるなどの工夫をしました。

おいしさの立役者は香味野菜

お肉は香味野菜によっておいしくなります。香味野菜がおいしい香りを演出するからです。

「焼肉のたれ　黄金の味」では、玉ねぎ、にんにく、ごまを組み合わせて使っています。

「焼き肉のたれ　黄金の味」のにんにく

味	冷凍にんにく	すりにんにく	備考
「焼肉のたれ　黄金の味」甘口	×	○	にんにくの量が少ない
「焼肉のたれ　黄金の味」中辛	○	○	生にんにくもふんだんに入れて辛さも追加
「焼肉のたれ　黄金の味」辛口	○	×	

玉ねぎとにんにくは、食欲をそそる独特な香りがあり、肉の臭みを抑えるマスキング効果も発揮します。ごまの香ばしい香りも、マスキング効果を高めます。

最も工夫を凝らしたのが、にんにくです。にんにくは「冷凍にんにく」と「すりにんにく」を使い分けています。「冷凍にんにく」は、生のにんにくのヘタや皮をはぎ、水で洗った後にみじん切りにしマイナス18℃で冷凍したもので、フレッシュな香りと生のにんにくの辛さが特徴です。一方、「すりにんにく」は塩漬け生にんにくと乾燥ガーリックのフレークを混ぜて、食塩とクエン酸を加えて粉砕し、ペーストにしたものです。これらを「焼肉のたれ　黄金の味」の3つの味にあわせて配合しています。

「焼肉のたれ　黄金の味」開発当時のエバラの画期的な発明の一つが「切りごま」です。炒りごまをそのままたれに入れると、均一に分散せず、全部浮いてしまいます。また、種皮が硬いため、香りやうま味成分がたれにしみ出てきません。すりごまはどうかというと、沈殿しやすいため生産工程で詰まりやすく、また、充填した後はボトルの底に沈殿してしまいます。加えて、香りの劣化が早く、品質の安定が難しい欠点もありました。

炒りごまとすりごまの欠点を補い、生産性とおいしさの課題を克服したのが、「切りごま」です。ごまを切る（割る）ことで香りとうま味がたれに安定してにじみ出て、しかもごまがたれに均一に分散します。また、たれの具材や調味料とのなじみもよくしてくれます。これによって、たれの中にごまが浮いたり、最後の方にはごまがない！と悲しくなったりすることもなくなりました。焙煎温度や時間、皮むき工程などにこだわったごまを厳選し、加工した切りごまは、香りやうま味、ごまの粒の存在感を残しつつ、適度な食感と風味の高いたれを作りだしてくれます。

高級感を演出する蜂蜜、ブイヨン

「焼肉のたれ　黄金の味」に高級感をもたらしてくれた材料もご紹介します。従来の焼肉のたれの常識を超える、ふんだんなフルーツと香味野菜をベースに、「蜂蜜」

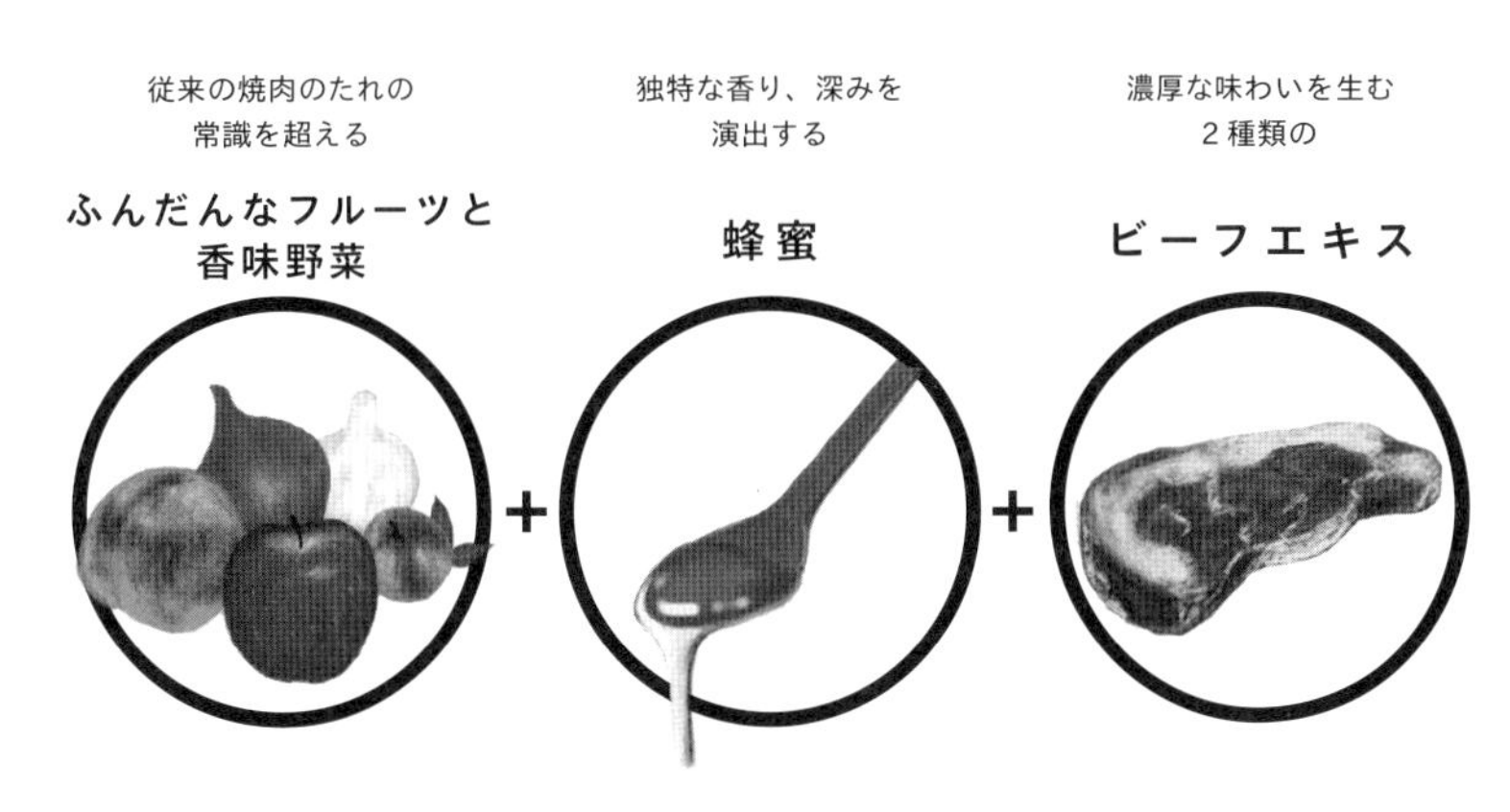

「焼き肉のたれ　黄金の味」の３要素

と「ビーフエキス」を加えました。蜂蜜は独特な香りと甘みがあり、深みのあるおいしさを作ってくれます。蜂蜜の主成分は果糖・ブドウ糖が90％で、この２つの糖は浸透性が良く、お肉の組織に浸み込んでやわらかくする効果があります。

「焼肉のたれ　黄金の味」開発当時は、りんごと蜂蜜を組み合わせた健康法が話題になっていました。デフォレスト・クリントン・ジャービス博士が著書で、米国東部の長寿で有名なバーモント州に民間療法として伝わるりんご酢と蜂蜜を使った「バーモント健康法」を紹介したからです。このことも蜂蜜を採用する一因になりました。

話は少し横道に逸れますが１９８７年、厚生省（当時）から、「乳児ボツリヌス症」のリスクから、生後１歳未満の乳幼児には蜂蜜を食べさせないようにとの通達が出ました。ボツリヌス菌は、自然界に存在する細菌の芽胞を生成する菌で、まれに蜂蜜に入っていることがあります。全国蜂蜜公正取引協議会は公式サイトで、「乳児の口から芽胞が入ると腸管内で発芽・増殖し、毒素を出して「乳児ボツリヌス症」を発症することがあります」としながらも「１歳を過ぎれば腸の働きは整いますので問題ありません」と記載しています。甘くておいしい蜂蜜ですが、乳幼児には注意したいものですね。

高級感を演出するもう一つはビーフエキスです。２種類を使用して濃厚な味わいに仕上げました。なお、これについては、２００１年に日本国内でも発生したＢＳＥ（狂牛病）問題によって使用を中止し、従来のおいしさが大きく変わらないようチキンブイヨンなどに切り替えました。

お肉をマスターする、おいしい話③

伝授！　お肉をおいしく「焼く」コツ

簡単なようでいて、奥が深いのがお肉の「焼き方」。お肉の種類や部位、大きさによって、旨味の引き出し方は違い、その方法は100以上あるとも言われています。ここでは、エバラ食品「お肉の参考書」から、家庭でも簡単に実践できる牛肉の焼き方をご紹介します。

【下準備】

○火の通りを均一にするために、お肉を常温に戻す

冷蔵・冷凍したお肉は、焼く前に必ず常温に戻しましょう。お肉の外側と内側の温度差がなくなり、熱が均一に入ります。

【焼く／ステーキの基本篇】

○お肉の旨味を存分に味わえるのは「65℃焼き」

お肉をジューシーにやわらかく焼き上げるには、お肉の中心温度が65℃を超えないようにすることが鉄則です。65℃に近くなると、お肉の表面にうっすらと肉汁が浮き上がってきます。そうなったら、お肉をひっくり返します。そして、ひっくり返した面の表面にうっすら肉汁が浮かび上がってきたら、完成です。

日本で販売されている食肉（一枚肉）は、中心温度「65℃焼き」での食中毒リスクは低いとされています。ただし、ひき肉や結着肉（サイコロステーキ）などの場合は、65℃にこだわらず、十分加熱することをおすすめします。

【焼く／ステーキのこだわり篇】

○親指の付け根の固さで焼き加減をチェック！

ステーキハウスなどに行くと、「焼き方はいかがしますか？」と聞かれますね。レア、ミディアム・レア……、果たして、どれほど違うのでしょう。それぞれの焼き加減と、焼き加減の確かめ方をお教えしましょう。

人差し指と親指で
輪を作ったときの
親指の付け根の固さ

レア［内部温度の目安：55～65℃以下］

表面は焼けているが、中心部は生で肉汁が多い。かなり弾力がある。

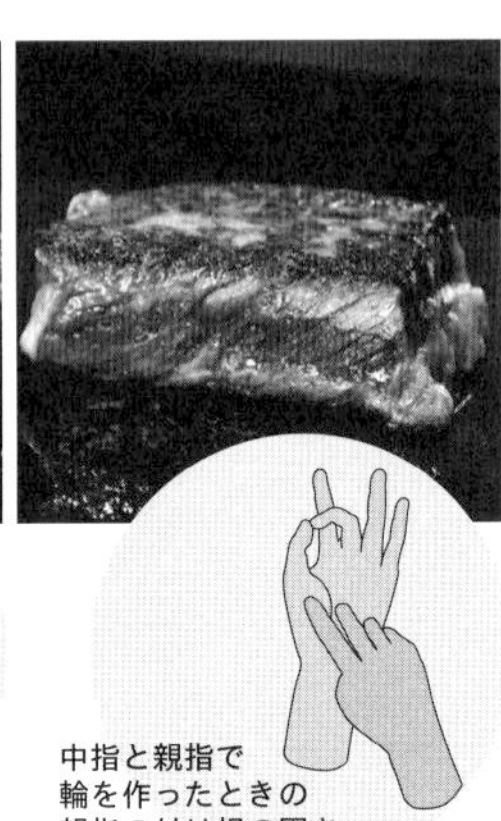

中指と親指で
輪を作ったときの
親指の付け根の固さ

薬指と親指で
輪を作ったときの
親指の付け根の固さ

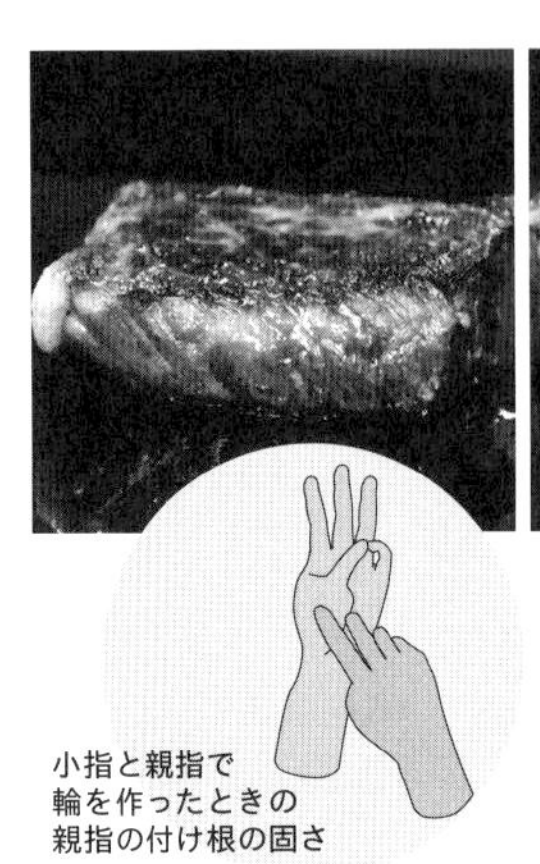

小指と親指で
輪を作ったときの
親指の付け根の固さ

ミディアム・レア［内部温度の目安：65℃］

レアよりは火は通っているが、中心部はまだ生の状態。切ると、赤い肉汁がにじみ出る。

ミディアム［内部温度の目安：65〜70℃］

中心部はちょうど良い状態に火が通り、薄いピンク色。肉汁は少ししか出ない。

ウエルダン［内部温度の目安：70〜80℃］

肉汁はほとんど出ない。弾力も少ない。

【焼く／焼肉篇】

焼肉用にスライスされているお肉は、脂身が多い・少ないによって焼き方のコツが違います。覚えておきましょう。

脂身が比較的多いカルビ・バラ肉

①片面を焼き、表面の周りが白くなったら、優しく引きずるようにして裏返す。

②裏面にも焼き色がついたら、できあがり。

※もっと焼きたい場合は、①②を繰り返す

脂身が比較的少ない牛ロース肉

①片面を焼き、お肉の周りに肉汁が見えてきたら裏返す。

②裏面にも焼き色が少しついたら、できあがり。

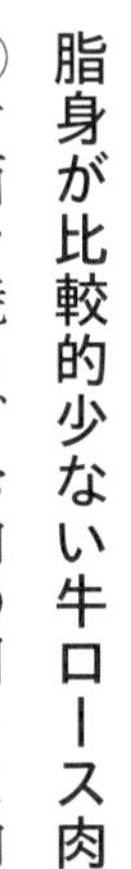

第4章

いまここにない市場の生み出しかた

新しいものは売れる。　とは、限りません。
おいしければ売れる。　とも、限りません。

どのようなものが求められ、どうすれば求める人に届くか。
ここの設計図がしっかりしていないと、お蔵入りです。

この章では、「焼肉のたれ　黄金の味」を一例に、
新しい市場の生み出し方、そこに投入する商品開発のプロセス、
製造現場の変化や製造時の注意点などをお話しします。

また、「焼肉のたれ　黄金の味」が2017年にリニューアルに至った経緯も
簡単に振り返ります。

誰に、どのような価値を、どう提供するか

「焼肉のたれ　黄金の味」の誕生は、牛肉のおいしさが全国に広まると直感し、牛肉の食文化に対応できる商品を目指した結果です。エバラ食品が、10年間構築してきた初代「焼肉のたれ」の技術をベースに、地域の食嗜好や食環境の変化を敏感にとらえ、消費者ニーズに対応した新たな品質を生み出したものです。

「いま、こういう食べ物や食べ方が受け入れられてきているぞ。この流れはこれからも変わらないだろう。でも、その流れにフィットした商品が周りにはない。だったら、自分たちの持っている技術や知識を活かして、近い将来求められる商品を作ろうじゃないか」。そうした発想から「焼肉のたれ　黄金の味」は生まれました。

マーケティングという言葉をよく耳にします。マーケティングとは、「売れる仕組み」と「儲かり続ける仕組み」を作ることです。そのためには、顧客や消費者が求めてい

るものを知り、売れる商品を開発するためのプロセスが重要です。市場調査をすることもその一つですが、なにより大事なことは現場に出向いて行って、実態をつかむことだというのが私の持論です。お客さまと商品やサービスの接点となる現場（食品でいえばスーパーなど）で、お客さまがどのような商品に興味を持っているか、何に手を伸ばし何に手を伸ばさないかなどを見て、そこからお客さまの気持ちを感じ取ることが必須です。

「商品やサービスに対するイメージをどのように伝えるか」にも、マーケティングは大きく関わってきます。自社の商品やサービスの見せ方を考え、潜在的な顧客をどのように獲得していくか。ここを間違えると、売れるものも売れません。特に、「焼肉のたれ　黄金の味」のように、先発商品や類似商品がない場合は、おいしさをどう伝えるとわかってもらえるかというお手本がありません。考えどころです。

「焼肉のたれ　黄金の味」のように、かつてない商品を提供するときこそ、マーケティングの基礎である①「誰に」、②「どのような価値を」、③「どのようにして提供するのか」を徹底的に詰めていかなければなりません。そしてこの作業は、商品開発と同時進行で進めることがポイントです。「焼肉のたれ　黄金の味」は高級感を出すことも命題の一つでした。だからこそ、ダイヤモンドカットの瓶が容器に選ばれました。商品は味だけでなく、ネーミング、容器にも同じ思想が貫かれていなければなりません。また、店頭などでの販売促進活動や広告活動でも、見せ方や伝え方が醸し出す雰囲気がその商品に課せられた命題にマッチしていなければならないのです。

「焼肉のたれ　黄金の味」を買ってくれる人はどんな人か、「焼肉のたれ　黄金の味」はいままでにない調味料としてどんなおいしさを提供するのか、「焼肉のたれ　黄金の味」はどこでどのようにお客さまと接点をもつのか。ここを明確にすることがキモであり、大仕事でした。

欲求不満から生まれる「新市場創造型商品」

新市場創造型商品という言葉があります。英語で書くと、Market Initiating Productとなり、その頭文字をとって「MIP」と略されます。MIPは、それまでの商品にできなかった生活上の問題を解決する商品、消費者の未充足の強い生活ニーズに応えて消費者の生活に変化をもたらす商品、新市場を創造した先発商品を指します。

消費者のニーズというものは、常に欲求不満、つまり充たされていないものです。どのように充たされていないかというと、大きく3つに分かれます。

一つが「Differentニーズ」、生活上の問題を解決し、生活に変化をもたらすようなものがほしいという欲求です。これに応えるMIPは「革新的MIP」と呼ばれます。

消費者ニーズとＭＩＰ

消費者のニーズ	MIP
Different ニーズ 生活上の問題を解決し、 生活変化をもたらす	革新的 MIP 今までにない新しい市場を創造 例：「焼肉のたれ」 「浅漬けの素」
Better ニーズ 商品上の特質をより高める	すみわけ的 MIP もともとある市場をすみわける 例：「プチッと鍋」シリーズ
不足ニーズ いま限定、数量限定	市場代替的 MIP もともとある市場を取り込む 例：ｉＰｏｄ

エバラ食品は、「革新的ＭＩＰ」を狙った商品開発として、「浅漬けの素」を生み出しました。「焼肉のたれ」も同様で、焼肉を家で食べる習慣がなかったからこそ、家でおいしく食べられるようにする調味料を作ればヒットするとの着想から生まれています。

次に「Better ニーズ」、商品の特質をより高めたものがほしいという欲求です。これを満たすＭＩＰは、「プチッと鍋」シリーズのようにすでにある市場をすみ分ける「すみわけ的ＭＩＰ」と呼ばれます。

最後が「不足ニーズ」です。限定感のあるものへの欲求を満たす商品は、もともとある市場を取り込む「市場代替的MIP」とされ、iPodは代表的な例です。

ここに挙げた3つのニーズのどれを満たすにせよ、一つの商品を開発するにあたっては、さまざまなアングルからの問いに答えを出していかなければなりません。食品を例に説明します。

1　おいしさの感動はあるか（繰り返し食べたくなるか）？
　↓価値と満足感は十分か
2　主役となる食材は何か？↓どのような食材をおいしくするのか
3　品質のこだわりは何か？
4　商品コンセプトに合った品質か？
5　顧客ニーズに合った品質か？
6　使い心地はいいか？　使いやすい形態（容器、容量、表示）か？
7　調理目的に沿った使い勝手になっているか？
8　品質の安定性は？　保存性は？（常温・チルド・冷凍／容器）

9　商品はどのように流通するのか？　どこでいつ販売するのか？
10　原料は安定供給が可能か？　原料品質の安定性・安全性は？
11　工場で製造できる品質か？

さまざまな分野の専門家が集まり、議論と試験を重ねてこれらの項目を一つずつ解決していきます。

商品開発は試す・確かめるの繰り返し

次に、エバラ食品での商品開発の主要ステップをご説明します。

1　新商品（またはリニューアル品）企画案に基づく試作品の開発
～使用原料の選定、配合表の作成、品質検討会で「EQAS」に照らした品質保証を報告ここでいう「EQAS」とは、Ebara Quality Assurance System のことで、商品の開発・設計段階における全工程を複数の部署で検討・検証・承認するエバラ食品独自の品質保証システムです。これは私が原案をとりまとめ、随時、更新しています。

2 知的財産権の確認、検討

～企画案、試作品および想定される製造工程における知的財産権の状況調査

切り餅の2大メーカーの間で、餅の切込み位置について、特許侵害の有無が裁判にかけられたことがありました。知財高裁（知的財産高等裁判所）は、被告側が特許権を侵害していたと結論付け、賠償額計14億8500万円と、侵害品である餅の販売・製造禁止、在庫品の処分と餅に切込みを入れる製造装置の破棄までが命じられました。

特許侵害の有無や特許出願の可能性は、特に慎重に検討しなければいけません。自分たちが思いつき、考え抜いた商品の優れた点を守ろうと、特許を申請することが先に立つことが多いですが、他社の特許を侵害していないかの確認は忘れてはなりません。

3 開発品質における保存性の検討、賞味期間の設定の検討

食べ物は、口から体の中に入るものです。食品を扱う企業にとって、とにもかくにも安全な食べ物であることを確認し、約束できなければいけません。このステップは、研究所などで検査を入念に重ねます。

理化学的分析・微生物検査・官能試験などによる保存性の検討、高温度帯での虐待試験による賞味期間推定、温度変動（低温・高温）・振動による品質の影響、分離など物性に与える影響が主なものです。「焼肉のたれ　黄金の味」は、数十項目以上の検査を行っています。

4 試作品の工業化の検討

製造工場を念頭に置いた製造工程表の作成、試験生産の計画立案と実施、見本生産・本生産での製造工程、製造条件および品質確認を行います。

エバラ食品
新商品発売までの主な流れ

工程	関連部署
1. マーケティングリサーチ	マーケティング本部
2. 新商品企画開発	商品開発本部
3. 試作開発 知財産権検討／製造工場・工程検討／品質検討会開催	研究本部
4. プロダクト評価 仮品質決定・試験生産・社内外調査	研究本部、商品開発本部
5. プロダクト承認（品質承認）	役員、関連部門責任者
6.EQAS 検討、検証	研究本部、開発本部
7.EQAS 最終報告会	研究・開発・品質保証・製造・総務
8. 試験生産、見本生産	研究本部、工場
9. 試験生産、本生産	研究本部、工場
新商品発売	

おいしさ×安心を形にする製造技術

人がおいしいと感じ、食べやすい濃度は、微生物にとっても好都合で繁殖しやすい濃度です。おいしいものほど、危険が潜んでいるともいえるわけです。

「焼肉のたれ　黄金の味」には、しょっぱさを抑えるという命題がありました。微生物にとって、塩分が低い環境は心地が良いものです。私たちは、「焼肉のたれ　黄金の味」のおいしさの追求と同時に、品質の安全性・保存性を満たすための原材料配合と製造技術を熟考しました。

その際、製造技術の面で役立ったのが、1977年の「ハンバーグのたれ」の失敗です。塩分控えめのたれが、保管中に乳酸菌と酵母菌で汚染して炭酸ガスが発生し、ガスの圧力で瓶が割れたという第1章でお話ししたあの事件。このトラブルをきっかけに、エバラ食品では、品質設計における原材料配合技術、原材料の厳選と管理技術、製造ラインの配管や充てん機などの分解洗浄・殺菌技術が飛躍的に向上しました。災い転じて福となすではありませんが、あの一件が「焼肉のたれ　黄金の味」誕生を後押ししました。

その後、エバラ食品では、1984年には、サニテーション（洗浄・殺菌）を駆使したオープニング・クロージングマニュアルが確立し、品質管理レベルの向上とともに、製造全般の技術が向上しました。1994年には、酸・アルカリ洗浄（CIP洗浄システム）などの自動洗浄システムを導入、1999年にはHACCPを導入するとともにエバラ品質保証システム「EQAS」を立ち上げ、品質設計における厳格な基準と管理体制を確立させました。その後、ISO22000、FSSC22000の食品安全マネジメントシステム認証の取得、食品安全を確保する加工製造工程の技術的手法の習得、独自の衛生管理の前提条件プログラム構築などによって、エバラ食品の人・モノの質が劇的に向上しました。

「焼肉のたれ　黄金の味」製造プロセス

1
原料受け入れ

工場で使われる原料は、受け入れる前に検査し、合格した原料を種類ごとに受け入れます

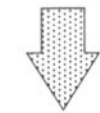

2
計量

おいしく均質な「たれ」を作るため、原料ごとに決められた分量を正確に計ります

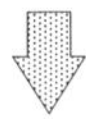

3
調合

長い間研究を重ねた独自のブレンド技術で、何種類もの原料を均質に混ぜ合わせます

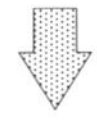

4
加熱・殺菌

混ぜ合わせた「たれ」に熱を加えて殺菌します。「たれ」の種類ごとに温度や加熱時間が決められています

5
充填

加熱・殺菌した「たれ」をボトルに詰め、直ちにキャップをします。1分間に300本のスピードで充填と密封ができます

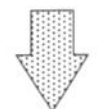

6
冷却

充填したボトルは安定した品質を保つため、シャワーをかけてゆっくりと冷やします

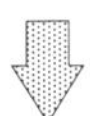

7
包装

ボトルとキャップにそれぞれ専用のフィルムをかけて、蒸気の熱でフィルムを縮めて密着させます

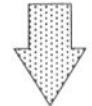

8
箱詰め

自動で組み立てられた段ボールケースに、「焼肉のたれ　黄金の味」を12本ずつ箱詰めしていきます

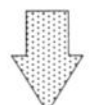

9
出荷

箱詰めされた製品は物流センター内の倉庫に集められ、全国各地に向けて出荷されます

現在、「焼肉のたれ　黄金の味」は、栃木県さくら市にある栃木工場、岡山県津山市にある津山工場で製造されています。そのプロセスは前ページの通りです（群馬県伊勢崎市にある群馬工場では他の商品を製造）。

もちろん、エバラ食品の3工場では、原料の調達から商品を生産し、お客さまのもとにお届けするまで、「電気・ガスなどの省エネルギー活動」、「容器・包装の軽量化、薄肉化」、「廃棄物の削減とリサイクル化」、「太陽光発電システムの導入」など環境に配慮したさまざまな取り組みを行っています。その一例として、1990年代から現在までに「焼肉のたれ　黄金の味」の容器は25gの軽量化に成功しています。

「焼肉のたれ　黄金の味」リニューアルへ

森村國夫社長のアンテナが働いて誕生した「焼肉のたれ　黄金の味」。発売と同時に、テレビ、ラジオはもちろん、新聞、女性雑誌など、さまざまな媒体を駆使し、全国に向けて大々的な広告・PRを展開しました。テレビCMでは、当時とても人気があった落語家の月の家円鏡さん、歌手の芹洋子さんを起用し、「スパイスほどよく効いてます。一度食べたら好きになる。フルーツタイプのおいしさです」と宣伝。メインビジュアルには、もぎたてのたくさんのりんごを背に、3つの味の「焼肉のたれ　黄金の味」が並ぶ写真を使いました。

発売当時の「焼肉のたれ　黄金の味」

テレビCMを流すと同時に、小売店やスーパーの店頭に商品を大量陳列し、試食販売を行い、購買を促す。「テレビで見た商品はこれだ」とお客さまに認識してもらい、その場で味わって「おいしいから買ってみよう」となる仕掛けです。いまでは常套手段ですが、森村社長はこれを「焼肉のたれ　黄金の味」が生まれるより早い時期にすでに実践していました。

また、テレビ局とタイアップして、イベントを実施しているスーパーから中継することも行いました。中継車が現場に出動すると人々が集まり、その様子をテレビ番組内で流すと、そこで紹介された商品を求めて店頭に人が集まるという、にぎやかなサイクルが生まれました。こうしたメディアと連携したブランド浸透を図って、エバラ食品は全国的な知名度を獲得していきました。

「焼肉のたれ　黄金の味」は発売以来、厚い支持を受け続け、90％以上のお客さまが「おいしい」と満足しているエバラ食品のロングセラーになりました。一方、発売から40年近くが過ぎ、社会環境は大きく変わり、ライフスタイルは多様化していました。

そこでエバラ食品では、2015年に「焼肉のたれ　黄金の味」リニューアルに向けた全社プロジェクトをスタートしました。グループの全役員、全従業員に利用頻度や商品満足度、ブランドイメージのアンケートを実施し、流通取引先へのヒヤリング、消費者のイメージ調査も行いました。また、「焼肉のたれ　黄金の味」開発担当者だった私が誕生秘話などをレクチャーするワークショップを全社で実施するなど、若手もベテランも参加して自由な議論が交わされました。

こうしたプロセスを経て新しいコンセプト、方向性、世界観を導き出し、新たな「焼肉のたれ　黄金の味」を作る技術開発が始まりました。アンケートやヒヤリングなどから、一般的においしいと感じるたれには「厚みのあるうま味」、肉に程よくからむ「とろみ」や、「舌触りのある繊維感」が不可欠という結論が導き出されていました。そこを目指して試作すること100回以上。原料の3分の1以上を占めるりんごピューレの製法を見直し、とろみや舌触りのある繊維感を高めた新しいフルーツピューレの生産供給体制を確立しました。その間に試用したりんごピューレは、計1tを超えていました。

2017年7月、「焼肉のたれ　黄金の味」は、国産りんご100%の新製法のフルーツピューレを使用し、とろみをアップしてリニューアルを果たします。果実のコクが肉にしっかりとからみつくことで、肉の味わいをより引き立てられるようになり、さらに、「甘口」、「中辛」、「辛口」それぞれの味の個性、違いを際立たせました。また、軽くて割れにくく、持ちやすいペットボトルの新容器を3年以上かけて開発しました。

リニューアルから3カ月後、購入者調査をしたところ、総合的に非常に高い評価を得ることができました。おいしさに対してはもちろん、容量の変更も好評でした。歌は世に連れといいますが、食も世に連れ。その時代が求める半歩先をみつめて、よりおいしいものを生み出し、提供することが、食品開発の醍醐味なのです。

リニューアル時のポスター

ヘルシーライフとお肉のチカラ　Q&A

Q　お肉は体に良いと聞きますが、本当ですか？

A　牛肉、豚肉、鶏肉などは、20種類のアミノ酸からなるたんぱく質を豊富に含んでいます。その中には、人間の体で作り出すことができない9つのアミノ酸「必須アミノ酸」も含まれています。

アミノ酸バランスが整った食品は「良質たんぱく質」で、その代表格がお肉や魚などの動物性たんぱく質です。必須アミノ酸のバランス（アミノ酸スコア）でいえば、動物性たんぱく質は、植物性たんぱく質よりも優れています。

たんぱく質は筋肉や臓器などを作る材料になるとともに、骨を作るメカニズムを促進し、ホルモンのバランスを整えます。また、血管をしなやかにして脳血管疾患を予防し、感染症に対する免疫力を高める作用もあるといわれています。

Q　うちの子どもはお肉が大好き。脂肪過多になるのでは、と心配です。

A　日本人の間で、生活習慣病が増加した要因に、食生活の「欧米化」が挙げられます。欧米化からお肉を連想し、「お肉を食べると生活習慣病になる」と誤解している人が多いですが、生活習慣病が増えた理由は、脂質や糖質の摂り過ぎです。お肉をたくさん食べるようになったことが直接の原因とは言い切れません。

「霜降り肉」のように脂肪分が多く含まれているお肉もありますが、赤身のお肉を適量食べている限り、脂肪過多になったりコレステロール値が高くなったりすることはありません。

私たちが1日に必要とするたんぱく質の量は、成人男性は60g、成人女性は50g、小学生では約30〜50gですが、思春期になると約55〜65gといわれています。成長期の子どもは大人に比べ、より多くのたんぱく質を必要としています。健康な体を作るためにはバランスの良い食事と十分な睡眠が大切です。お肉や魚などの良質なたんぱく質、ビタミンやミネラル、脂肪などをバランスよく摂るように心がけましょう。

Q お肉って、栄養があるんですか?

A もちろんです。体を支えるためのいろいろな栄養を含んでいます。たとえば、「亜鉛」がそうです。亜鉛には、細胞分裂や新陳代謝を促す働きがあり、適量を摂取すれば、免疫細胞が活性化して、免疫力を高める効果が期待できます。免疫力は20代をピークに低下し、50代になると20代の半分以下になるともいわれています。亜鉛は、体内では作り出せませんから、亜鉛を多く含む牛肉の赤身、豚レバー、牡蠣などを食べて補うことをおすすめします。

豚肉には、ビタミンB1が含まれています。ビタミンB1は、体内で糖質をエネルギーへ変換する際に必要です。また、脳はブドウ糖を分解してエネルギーを作るため、ビタミンB1が不足すると記憶力の低下や情緒不安定、うつ病などを引き起こす可能性があります。豚肉料理には、ビタミンB1の吸収を促すアリシンを含む玉ねぎも添えると良いでしょう。

Q　お肉を食べると、太りませんか？

A　お肉イコール太るとは、よくある誤解です。太るのは、摂取カロリーが消費カロリーより多いからで、お肉のせいではありません。そもそも、食べた分よりも多くのカロリーを消費すれば、太りません。

脂肪は、細胞内のミトコンドリアで燃やされてエネルギーに変わります。ただ、脂肪は単独でミトコンドリアの中に入ることはできず、カルニチンと結合して初めてミトコンドリアの中に入ることができます。お肉にはこのカルニチンが含まれていて、脂肪燃焼作用があることが知られています。カルニチンは加齢とともに体内で合成される量が減るため、お肉などを食べて補う必要があります。

Q　お肉を食べて生活習慣病予防！　これはホント？

A　生活習慣病の予防効果が期待されているものに、脂肪酸の一つであるオレイン酸があります。牛肉や豚肉に多く含まれるオレイン酸には、血中のコレステロールを適正に保つ働きがあります。コレステロールには悪玉（ＬＤＬ）コレステロールと善玉（Ｈ

ＤＬ）コレステロールがあり、悪玉コレステロールは動脈硬化や心臓病、高血圧の原因となり、善玉コレステロールには動脈硬化を予防する働きがあります。オレイン酸には、善玉コレステロールを減らさず、悪玉コレステロールだけを減らす効果があるといわれています。

また、オレイン酸は他の多価不飽和脂肪酸に比べ酸化されにくいという特徴も持っています。一般に脂肪の酸化が進むと、体内で活性酸素と結びつき、ＤＮＡに損傷を与え、がんや動脈硬化、心疾患や脳疾患、糖尿病などの原因になります。オレイン酸には、がんや生活習慣病などを予防する効果があると言われるのは、酸化されにくい脂肪酸だからなのです。

Ｑ　テレビで、お肉は美容にもいいと聞きましたが……？

Ａ　お肉には、がんなどの原因になる活性酸素の発生を抑え、体の酸化を防ぐと注目されているコエンザイムＱ10が含まれています。コエンザイムＱ10は、コラーゲンの生成を促進する作用もあるため、シワやくすみといったお肌のトラブルの改善にも期待されています。

女性ホルモンの一つエストロゲンは、お肌の水分量を整えたり、コラーゲンを増やしたりする働きがあり、減少すると肌荒れやシミ、しわ、たるみなどを引き起こすことがあります。脂肪の摂取を極端に減らすと、エストロゲンも減ってしまいます。また、脂肪酸の一つであるオレイン酸が不足すると、サメ肌になったり、お肌が荒れてカサカサになったりします。これは、人間の皮脂成分の約40％がオレイン酸で構成されているからです。こうしたことから、お肉に含まれる脂肪分とオレイン酸は、美容にも良い働きをすると考えられます。

Q　高齢者はお肉を食べたほうがいい？　食べないほうがいい？

A　高齢者の間で「新型栄養失調」が増えています。これは偏食が原因で起こる栄養失調で、理由の一つに、年をとるにつれて若い頃に比べてお肉や卵などの動物性食品の摂取量が減ることが挙げられています。

動物性食品を十分に摂らないと、血液中のたんぱく質の約6割を占める血清アルブミンの量が減ってしまいます。血清アルブミンは、体の機能を整える上でとても重要な働きをしているため、これが不足すると栄養失調になったり、心臓病や脳卒中のリスクを高めたりするという意見もあります。健康を維持するためにも、野菜などとのバランスを考えながら動物性食品を摂ることが望ましいでしょう。

Q お肉に含まれるアラキドン酸ってなんですか?

A 最近、認知症を改善する可能性を持つとして、注目されている栄養素です。アラキドン酸は、リノール酸から合成される必須脂肪酸の一つで、脳の機能を担う神経細胞の生成を促す働きがあります。調べてみると、高齢者やアルツハイマー病の患者さんは、脳の細胞膜に含まれるアラキドン酸の量が少ない傾向にあるそうです。

アラキドン酸は、植物にはほとんど含まれていません。お肉、魚、卵などの動物性食品から摂取しなければならず、中でも豚レバーはアラキドン酸を多く含んでいます。レバーには鉄分、ビタミン類も含まれていますから、食べ方を工夫して積極的に摂るようにすることをおすすめします。

Q 老人性うつ病予防にお肉をすすめられました。どうしてですか。

A うつ病は、精神を安定させる働きがある神経伝達物質のセロトニンと関わりがあるといわれています。セロトニンは、必須アミノ酸の一つであるトリプトファンが原料で、お肉にはトリプトファンが多く含まれていることから、うつ病予防にすすめられたのだと思います。

セロトニンは、太陽光や睡眠、運動などによって分泌が促されます。ウォーキングや犬の散歩、屋外での体操などで体を動かしつつ、バランスのとれた食生活に気をつけることも大切です。

Q お肉を食べると幸せな気持ちになるのは、気のせいですか。

A いいえ、ちゃんとした理由があります。さきほどお話ししたアラキドン酸が、幸せな気持ちにさせるのです。アラキドン酸の一部は、脳の中でアナンダマイド（アナンダミド）という物質に変化します。この物質は「至福物質」という別名があり、幸福感や高揚感を与えてくれることが知られています。また、アナンダマイドには、リラックス効果や記憶力増進などをもたらす可能性もあるとして、今後の研究が期待されています。

おいしいお肉を食べると、たまらなく幸せな気持ちになるというのは、お肉からのご褒美です。特別な日や頑張った日には、和牛ステーキ、霜降り肉のすき焼き、いろんな部位の焼肉食べ比べなどを味わって、ハッピー気分を満喫しましょう！

第5章

浅野高幸×渡部俊弘　対談

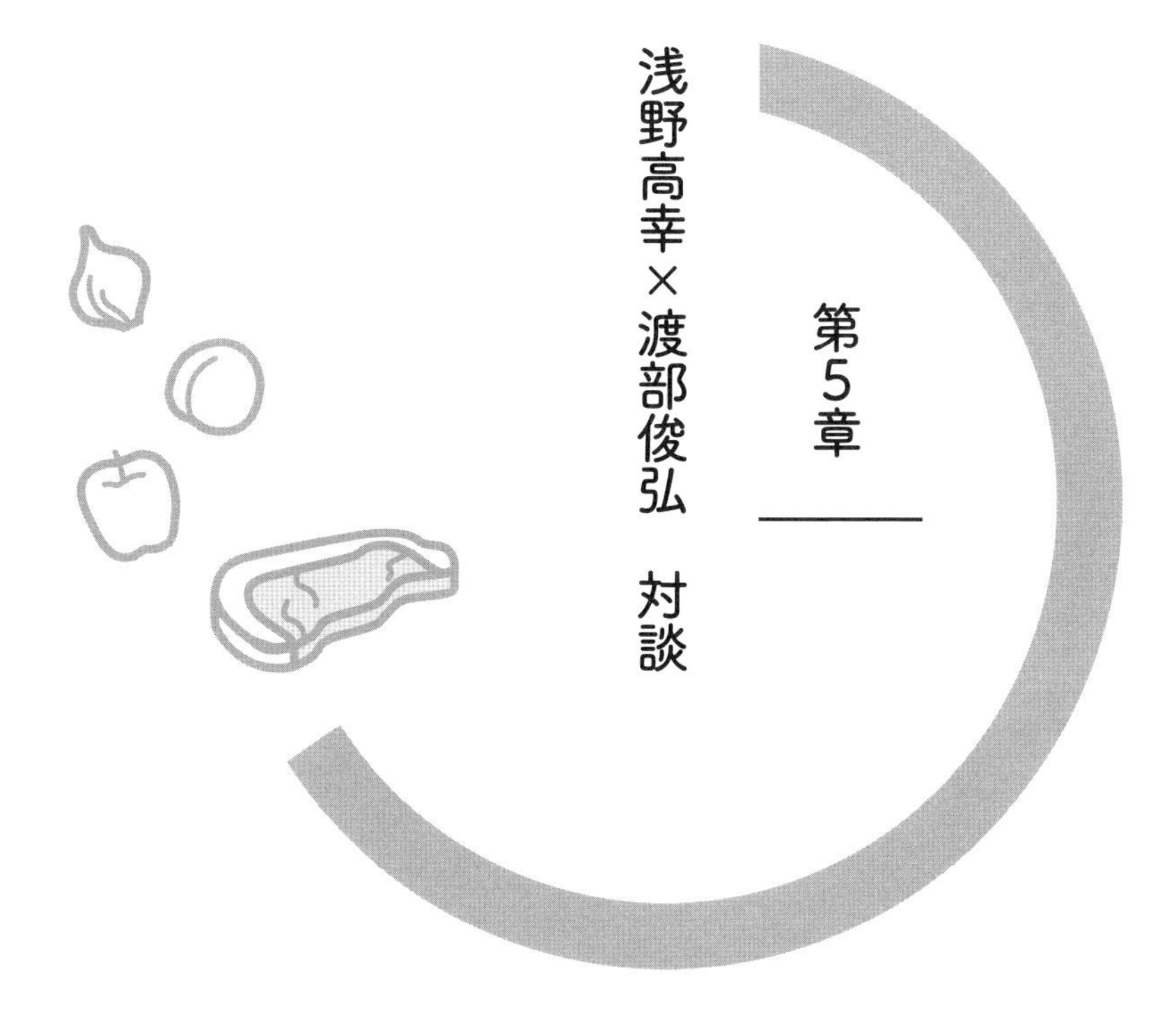

この大学には、浅野さんが必要だ。

北海道文教大学の渡部俊弘学長は、
学生に食品分野の商品開発の本当の面白さを伝えたいという願いから、
浅野さんのヘッドハンティングに動きました。

おいしいと感じたときのしあわせ。
みんなで食べることのよろこび。
食品分野の商品開発は、笑顔をつくり、笑顔を広げる仕事です。

その現場の醍醐味と試行錯誤の様子、
仕事を通して自分も笑顔になる方法を
浅野さんと学長が語り合います。

【著者紹介②】

北海道文教大学　学長

渡部 俊弘（わたなべ・としひろ）

1952年、北海道日高管内門別町（現 日高町）生まれ。1979年3月、東京農業大学院修士課程修了。博士（農芸化学）。学校法人鶴岡学園北海道栄養短期大学に入職後、1989年4月より東京農業大学生物産業学部食品科学科講師、助教授、教授、副学長を歴任（2018年3月、定年退職）。

2018年4月より現職の学校法人鶴岡学園北海道文教大学学長に就任し、医食農連携プラットフォーム研究会、地方都市北海道恵庭市における大学による街づくり、恵庭プラットフォーム構想に取り組む。日本地域創生学会理事、日本看取り学会会長を兼任。

ボツリヌス菌が産生する複合毒素タンパク質の構造と機能に関する研究を中心に、学術論文として約100編を執筆する一環で科研費を獲得。

2007年4月より（株）東京農大バイオインダストリー代表取締役社長を兼任し、オーストラリアの国鳥である、飛べない鳥エミューの6次産業化など地域創生の仕事に携わる。「第1回大学は美味しい！」フェアの実行委員長として大学発商品の紹介を行う。「『笑友（エミュー）』で再生！あばしり元気プロジェクト」の指揮をとる。

著書として「食品理化学実験書：図・フローチャート方式で理解する」「パソコンで学ぶ元気で生きる健康科学　栄養・運動・ストレッチ」「人とつながる『笑いと涙』の40年」「料理法百たいに学ぶ」「トシさんが行く！」等を出版。

浅野さんとともに、商品開発の面白さを伝えたい

渡部　浅野さんは、僕らのまわりでは伝説の人・レジェンドなんです。「焼肉のたれ黄金の味」を作った人で、その後、技術畑から上がっていって、エバラ食品の海外企業の社長にまでなったすごい人だと、とにかく噂をよく聞いていました。実際にお会いしたのは、僕が東京農大オホーツクキャンパスで教授をしていた頃ですね。

浅野　そうですね、2010年です。それ以前にも東京農大の世田谷キャンパスでお会いしているんですが、ちゃんとお話ししたのはその時です。私が、エバラ食品が上海に作った会社で社長を4年半やって、エバラ食品の研究所に戻ってきたのが2009年。その年に農大で講演を行い、翌年から農大の非常勤講師のわらじも履きだしました。オホーツクでお会いしたのは非常勤になって間もな

い頃だったので、それで覚えているんです。

渡部　今後、特に食品分野の商品開発では、製造や品質管理などに関する技術と、マーケティングや経営といったものの融合がより重要になっていくだろうと。私は長い間、大学で食品開発を教える先生は、開発の現場と商品の流通や売場を熟知している浅野さんのような人であるべきだと考えてきました。食品というものの全体を俯瞰できる人から教わらなければ、学生は食品開発の「芯を食えないんじゃないか」と。僕も浅野さんも同じ農大出身という縁もあり、2021年から浅野さんに北海道文教大学の健康栄養学科で教鞭をとっていただくことになりました。ほんとうに、ありがとうございます。

浅野　農大オホーツクキャンパスで食事をした時も、学長はそうしたことを熱く話をされていました。情熱的で、誠実で、行動力のある努力家だなぁと感心しました。

渡部　近頃の開発の現場は、業務分担が細分化され過ぎていないでしょうか。スープ担当だったらスープだけ、さらにAタイプのスープをやるならそれに専念するというように、専門特化が進んでいます。それが悪いとは言い切れませんが、弊害も生まれていませんか。食全体を俯瞰する視点、求められているおいしさの深掘りなど、最も大切にすべきところが二の次になっている、軽んじられている気がしてならないんです。

浅野　「木を見て森を見ず」ということですね。

渡部　そうした現状へのアンチテーゼも込めて、私は、「焼肉のたれ　黄金の味」というロングセラー商品は、浅野高幸という一人の技術者から産み落とされたことを、まず文教大学の学生に知ってほしいと思ったんです。そして、「焼肉のたれ　黄金の味」は、発売開始以降、味を細やかに変えながら現在に至っていること、さらに市場や社会の変化に合わせてバリエーションを増やしていることも伝えたいと。「焼肉のたれ　黄金の味」の歴史を追うことを通して、商品開発の面白さやダイナミズム、さらに学生の指針や励みになる浅野さんの生き方、発想、苦労や工夫などを残したい。そうした思いがこの本づくりの出発点です。

入社2年目で「焼肉のたれ　黄金の味」を開発

渡部　浅野さんは、エバラ食品のどこに魅力を感じて入社したんですか。

浅野　当時のエバラ食品はめちゃくちゃ少数精鋭の小さな会社でした。エバラ食品の就職試験の面接が終わった数日後、人事部長に呼び出されて喫茶店でいろいろな話を聞かされました。その時に、多様な経験をすることの大切さを感じ取った気がします。そして、ここでなら自分がやりたい分析、微生物管理だけでなく、原料や機械の購買から、生産管理、品質管理、試作、開発まで、自分が母体になって幅広い仕事ができそうだ、面白くなりそうだと思ったんですね。

渡部　浅野さんは、「焼肉のたれ　黄金の味」で注目されるまで、ものすごい内気だったそうですね。それ、本当ですか。とても信じられない（笑）。

浅野　（苦笑）、いや本当にそうなんですよ。会社と社会でもまれて、性格も変わっていったんです。入社数年後にはマーケターとしてお取引先との交渉も担当していましたが、ターニングポイントは、「焼肉のたれ　黄金の味」のヒットです。

渡部　浅野さんが「焼肉のたれ　黄金の味」を開発したのは、24歳の時とか。入社2年目ですよね。そんな大きな仕事を任せる会社も、腹がすわってるなぁ。

浅野　はい。私が当時の社長で創業者の森村國夫から「醤油味や味噌味ではなく、根本的に味を変えた焼肉のたれを作れ」と言われたのは、入社2年目です。条件はもう一つあって、「たれだけですすれるぐらいの仕上がりじゃないとダメだ」と。

渡部　ほお。「すすれるぐらい」というのはどういうことなんですか。

浅野　エバラ食品では、1968年に初代の「焼肉のたれ」を開発、販売していました。この商品は、豚肉を好む関東圏では爆発的なヒットを記録しましたが、牛肉文化の関西圏ではふるいませんでした。牛肉は豚肉に比べてたれが浸透しやすいため、たれのしょっぱさを強く感じてしまうんです。関西で受け入れられるたれを考え抜いた森村は、牛肉にも合うように根本的に味を変えたたれを「たれだけですすれるぐらい」と表現したんです。

渡部　社長から指令が出た翌年、商品が発売されます。開発期間は半年くらいですか？

浅野　いえ、3カ月です（笑）。鼻血が出るほど働きました。その甲斐あって、「焼肉のたれ　黄金の味」は1978年6月の販売開始と同時に大ヒットとなりました。おかげさまで、この年の会社の年間売り上げは100億円を突破。それを記念して社員全員でグアム島旅行に出掛けました。

渡部　それは景気がいい（笑）。

浅野　こうなると、開発者として人前で説明したり、質問を受けたりする機会が増えます。それで、無口の浅野が、話ができるようになっていったんです。「焼肉のたれ　黄金の味」が出るまでは、会議でも「今日はブレーンストーミングだから上下関係なく、意見を言いなさい。質問もよし、反対意見もよし」と言われても、私は下を向いてじーっと聞いているだけ。「自分が感じていることをなぜ話さないんだ」と何度も叱られていました。

渡部　でも、エバラ食品を選んだ理由がそうであったように、浅野さんの心の中にはなんでもやりたい、やってみたいという精神があった。僕は、浅野高幸というプロフェッショナルの原点は、そこにあるとにらんでいるんですよ。何にでも興味を持ち、好奇心を働かせて仕事に臨むことで仕事が面白くなり、好きになり、「好きだからやっているんだ」という気持ちがマグマのようになって、それに突き動かされていく。プロフェッショナルと呼ばれる人たちはみんな、そうした精神を持っている気がするんですよね。

インドネシアの鰹節工場、北海道の冷凍食品会社へ

渡部　「焼肉のたれ　黄金の味」のヒットから約10年間本社を離れたそうですが、どこで何をやっていたんですか。

浅野　「焼肉のたれ　黄金の味」が販売を開始した翌年12月から、インドネシアのセレベス島で鰹節工場の品質管理を半年ほど担当し、帰国したのもつかの間、北海道の津別町にあったグループ会社の（株）日本冷食で7年間ほど冷凍食品の開発をしていました。

渡部　なぜ、浅野さんが選ばれたんですか。「焼肉のたれ　黄金の味」をヒットさせたキレ者は本社に置いておき、二匹目のどじょうを狙わせようとすると思うの

ですが。

浅野　鰹節工場というのは、森村國夫が新たなことに挑戦する〝男のロマン〟で出資した工場です。その森村が、現地に誰かを行かせろと。「インドネシア語は話せなくてもいいんだよ、身振り手振りで。ただ、ある程度技術があって、心のあるヤツ。あと、国柄からいうと、武道をやっていたらもっといい」と。私は琉球空手をやっていましたから、それもあって選ばれてしまったんだと思います（笑）。研究開発の総責任者である取締役からは、「道着は絶対に忘れるな」と念押しされ、出国する際には蚊取り線香を箱で3カ月分渡されました（笑）。

渡部　鰹節工場ですか。そこではどんな仕事をしていたんですか。

浅野　この工場で生産した鰹節（本節）は、日本の百貨店で販売していました。しかし、品質のばらつきが出て大クレームになり、その原因を究明し、対策を講じるための生産・管理を行えと。私が単身で行きました。私が選ばれたのは、社会人としてはまだまだだから、よその釜の飯を食って来いということだったんじゃないですかね。そうそう、セレベス島では、時には社長命令でエバラのガラスープも売りました（笑）。

渡部　日本冷食へは、なぜ？

浅野　日本冷食は、冷凍したトウモロコシ、かぼちゃ、ジャガイモと、冷凍のコロッケや春巻きを扱っていました。森村が知り合いからこの会社を買っちゃいまして、またしても「浅野を行かせろ」と。当時のエバラ食品の専務がこの会社の社長となり、私は研究開発と生産管理、営業所長が営業を担当する布陣で3人が出向しました。1981年、28歳の時です。この会社の冷凍野菜の売り上げが安定せず、利益も薄かった。だったら、おいしい冷凍食品を作ることに本腰を入れようと、私が提案しました。当時、冷凍食品は「安かろう、まずかろう」の代名詞でしたから、おいしいものを作れば売れるだろうと。

渡部　いま、市場にないものを作れば売れる、という着想ですね。

浅野　ええ。おいしい冷凍食品を作るポイントは、素材と急速凍結です。それと、開発のスピードです。私は北海道の工場に2週間、本社や東京、大阪に2週間というローテーションで働いていました。取引先の声を聞いて本社で試作開発し、それをお客さまに食べていただいてOKが出たら、羽田空港から飛行機に乗って北海道の工場に直帰し、待ち構えている工場スタッフと一緒に試験生産し、それを持ってお客さまのもとにとんぼ返り。その繰り返しでした。あの頃は、年間80から100アイテムは商品として出していました。

渡部　その中からヒット商品は生まれたんですか。

浅野　業務用の生パン粉コロッケ、これがヒットしました。1983年に日本冷食が日本で初めて開発に成功したものです。当時の業務用のパン粉は、衣として均一にしっかり付き、揚げムラが出ない乾燥パン粉（細かいメッシュのドライパン粉）が主流でした。生パン粉を使ったメンチカツやとんかつを提供していた東京・日本橋の老舗洋食店「たいめいけん」さんは逆に珍しい存在でした。日本冷食が作っていた一般的な業務用冷凍コロッケは1個8円、9円の卸値で、100個作っても1000円にもならない。それなのに、運賃はすごく高かったんです。これでは利益は到底出ませんから、私は単価を上げようと考え、そこで生パン粉に目を付けたのです。これはかなり研究を重ねました。衣がソフトでサクッと食感の良い生パン粉付けの高級コロッケにすると、通常のコロッケの約3倍の価格になります。それでも、売れました。この商品がヒットすると、経理課長から「すごいことが起きました。日本冷食が黒字になりました」と涙声の電話がかかってきました。というのも、この会社は、ずーっと赤字だったんです。

渡部　商品開発の醍醐味、ここにありですね。

浅野　日本冷食に出向が決まったとき、同僚たちが「左遷か？」、「自殺するなよ」と心配してくれましたが、この会社では、お金には代えられない経験をさせてもらいました。

渡部　社長から、お褒めの言葉はあったんですか。

浅野　あったかなぁ。覚えてないですね（苦笑）。私が日本冷食で働いていたときは、「本社に戻るたび、試作品や新たに開発した商品を自宅に持って来るように」と森村から言い渡されていました。お申し付け通り、ご自宅に持参すると、ご家族で味をみるんです。森村は試作品一つひとつに対して、「これのどこにこだわりがあるんだ」、「この技術はどうなっているんだ」と質問をしてきます。私はそれがわかっていましたから、森村に納得してもらえる答えを出せるよう、事前にいっぱい勉強しました。いい思い出です。

土地、国によって「おいしい」はちがう

浅野　エバラ食品に戻ってから30代半ばまでは、商品開発が面白くて面白くて、「お客さまに喜んでもらえるものってなんだろう」、「こうすると喜ばれるんじゃないか」と感じた部分をどんどん商品に表現していきました。重要なことは、エバラ食品の場合はたれがメインなわけですが、たれだけを見るのではなく、家庭の食卓を想像して、そこにどのようなたれがあると「おいしいね」という笑顔が生まれるかを想像すること、その想像をどこまで広げられるかです。

渡部　商品開発のキモは、おっしゃる通り、人に喜ばれることですよね。それが技術畑に長くいる間に、技術のための技術を追いかけたり、専門分野のタコツボにはまったりして、自分にとっておいしいもののイコール消費者がおいしいものという、真逆の発想に陥ってしまいがちです。浅野さんは海外経験もありますか

ら、国内でいう関西と関東の嗜好の違いだけでなく、日本と海外各地との違いもご存じでしょう。

浅野　先ほど、「焼肉のたれ　黄金の味」は、関東と関西では求めるおいしさが違うことから生まれたとお話ししましたが、たとえば卵焼きは関東では砂糖を多めに入れますが、関西ではだしで味を決めます。だしは関東では鰹節、関西では昆布でとるのが主流です。その違いは、関東の地質が火山灰の関東ローム層で水は硬水、関西では粘土質で軟水のため、その土地の水に合った材料を選んだとも考えられます。さらに同じ関西でも、たこ焼きは大阪ではソース、京都や奈良ではだしで食べるなど、細かくみていくと違いがあります。

渡部　だしを何でとるかというその話、興味深いなぁ。

浅野　中国では、だしをとるには、鰹節や煮干しは魚の匂いがするので嫌い、昆布は受け入れられます。豚や鶏の臭みは平気でも、魚の生臭さは受け付けません。

中国でも若い人は嗜好が変わってきていますが、年配の人は寿司で食べるネタはサーモンだけです。私が現地に赴任した当時は、生野菜は食べない、果物も生では食べないことに驚きました。この点は、コンビニのサンドイッチなどの普及で近頃は変わりつつあるようですが。

渡部　野菜はともかく、果物も生で食べない？

浅野　温かくて、湯気が立っているのがおいしそうだと（笑）。味でいえば、中国は広いので地域によって好みが違っていて、上海はしょっぱいのはダメで、東北地方は塩辛いものを好みます。また、タイでは、甘い・辛い・酸っぱいの三拍子が揃っていないとおいしいと感じない、インドネシアは甘くないとおいしくないというように、お国柄はありますね。

渡部　そこにあるニーズを知ることは、商品開発・マーケティングでは基本であり、鉄則です。ただ、いま、私が浅野さんから話を聞いて頭でわかったとしても、現場で経験し、実感しないと、ピンとこないというか、理解しきれないでしょう。

浅野　それはあります。私は部下には、地方へ出張に行ったらスーパーに行け、そして自社の商品を見るだけでなく、お客さまが商品を前にどのような反応をしているかを感じてくれと言ってきました。「実態をつかむ」とは、現場で自分が「なぜ」を感じ、その答えを考えるということです。自分の経験や引き出しにない出来事にふれたとき、なぜこうなっているのかと自問自答を繰り返す。ヒントは現場に転がっています。研究所という陸の孤島で試作や行動分析に没頭しているだけでは、真に望まれているものは作れません。

五感とコミュニケーション力を働かせる

渡部　マーケティングの本をたくさん読むのはいいけれど、それだけではだめだと。

浅野　とにかく、現場に行って五感で感じることです。五感を磨くには自然の中に入っていくことが一番いいんです。魚や虫、花を見て、感動したり、驚いたり。発想というのは、そうした心から生まれてくるものだと思います。私の場合、マーケティングの専門書でバイブルとなったものはありません。私の師は、業務用のお客さま、お取引先です。水産メーカー、ハム・ソーセージメーカーから、ラーメンチェーン、ファストフードチェーンまで、お客さまは多岐にわたりました。20代の頃、営業と一緒に飛び込み営業に行くと、「いまの時代はこういうものは望んでいないよ」といろんなことを言われるわけです。そして、私たちが知らない知識や技術をどんどん聞かせてくれました。

渡部　そうなると、目の前のお客さまがどのようなマーケティング戦略で成功したのかが、読み取れるようになっていくでしょうね。いますぐ商売にならなくても、お客さまは今後の商品開発や商売の糧になる考え方や情報を与えてくれた。ありがたいですね。

浅野　知らないことを教えてくれる人や、気づきを与えてくれる人との出会いは本当に大切にしなければいけません。森村は出会いをとても大切にする人で、義理人情にも厚い人でした。出会いを大切にすれば、自分が困っているときは誰かが助けてくれます。助けてくれた人には、次は自分が信義を尽くそうとします。森村國夫という人間は、そうした付き合いをしてきたんでしょう。だからファンがすごく多く、それがエバラ食品ファンになっていきました。

渡部　商品開発には、隠れた消費者ニーズや世の中に出ていない技術をいかに早くつかむかという、熾烈な競争も伴います。企業の間には、秘密もたくさんあるでしょう。そういう核心をつかむ方法といったものはあるんですか。

浅野　技術や知識というものは、世の中に出ているものがすべてではなく、また、すべてが正しいわけではありません。一方、さまざまな事情があって、いまはまだ世に出せない技術というものもあります。埋もれているもの、隠されているものがあるんですね。そこにいかに近づき、いかにつかむか。これはもう、ひとえにコミュニケーション力です。なぜなら、そうした社外秘のような話は、雑談から出てくることが少なくないんです。さきほど、部下に対して、店頭では自社商品だけを見るのではなく、お客さまを見ろと言っていたとお話ししましたが、この点も同じです。分野の違う人とも会って、とにかく話をする。雑談で終わってもいいんです。そうした動き方をして、引き出しにさまざまなものを納めていれば、肝心な時に〝あっ〟と思えるものをつかめることもあるんです。

渡部　部下へも、そのあたりは指導してきたのですか。

浅野　部下には「現場の生の情報をどう取りに行くか。それは、お取引先にどうねじ寄るかで決まっちゃうよ」とよく言いました。お客さまの評価、不満や問題点をあの手この手で探り、回答をシステム手帳に書くなど、一生懸命インプットしなさい。そうして情報がまとまったら、誰の目にも明らかなニーズと、まだ見えていない潜在的なニーズの区分けをしなさい。次に、優先度を振り分けなさい。最後は、優先度の高いところにポイントを置いたものを考えなさい。そこまできたら、商品の開発に挑戦していけると。

渡部　学生にも教えたい実践的なやり方ですね。

浅野　若い人に、いろんなものと出会い、感動したり共感したりする機会を与えることが、私たち世代の役割です。実際にさまざまな経験をすることで、人の心を躍らせるにはどうしたらいいかが自然とわかってきます。私は、上司から「部下をそんなに遊ばせるなよ」と嫌味を言われても、部下たちを海外のいろんな所へ行かせました。彼ら彼女らは自分なりにさまざまなことを感じ取り、さまざまなものをつかんで帰ってきて、とんでもなく面白いものを作りました。

渡部　これも五感を鍛えることが大事だという、浅野さんのお話につながりますね。

浅野　ソムリエがワインの個性を表現するとき、食や味に関係するワードだけを使うとは限りませんね。それはなぜなのかを、私なりに考えました。彼らは各地のぶどう畑を訪ねた際、ぶどうの品種や味わい、オーナーの名前や人柄にふれるだけでなく、その土地の風景を見て、風の匂いを感じて、地元の食べ物を味わっている。五感を働かせて得たこれらの経験がソムリエの中で発酵し、一つの世界観を作りだしているのではないかと思うんです。ワインを口に含んだとき、ソムリエはその世界観の中からインスピレーションが最もフィットするワードを抽出するため、必ずしも食や味に関係するワードが出てくるわけではない。そういったことが起きているのではないかと想像するわけです。

渡部　五感を駆使した経験、専門にこだわらず違う畑から得た経験などの一つひとつが線となり面になる。それが、すごい技術や素晴らしい商品を生み出す土台になるんですね。

「新市場創造型の商品」は「なぜ」から

渡部　大学で教えている「新市場創造型の商品」について聞かせてください。

浅野　新市場創造型の商品とは、新たな市場を創り出す商品です。いまはまだ市場がない、売場がない商品をどう作るか。アプローチの第一歩は、現地、現場で起きている問題を把握し、その問題は顕在化しているか、潜在化したままかを整理すること。次に、消費者の生活に起きている変化、これから起きるだろう変化を照合させていくんです。

渡部　とかく「商品をよく見ろ」と言われますが、浅野さんはどのように見ていますか。

浅野　「この商品は、なぜ、このように作られているんだろう」と自問自答しますね。

逆に、「なぜ、こうしたものがいまの世の中にないんだろう」ということもあります。「なぜ」と考えることが、よく見ることではないでしょうか。売れていない商品、見向きもされていない商品も、裏側から見ると売れない理由、売れるヒントが隠れています。

渡部　「なぜ」からヒントが生まれるのですね。

浅野　「なぜ」はとても重要です。若い頃はまだしも、社会に出て知識、技術、経験、知見が蓄積されてくると、「なぜ」を忘れてしまいがちです。おそらく、過去の経験から導かれた方程式のようなものが正解という考え方に慣れ親しんでしまい、現状を疑ったり、否定したりできなくなっていくんだと思います。

渡部　特に企業では、先輩たちが作れなかったものを、僕たちが作れるわけがないと決めてかかったり。

浅野　ありがちですよね。でも開発の場面で、それを言ってはおしまいなんです。開発は、挑戦です。挑戦というのは、「こういうことが、なぜ、未だに解決していないのか、できないのか」、「違う視点から、こんな考え方をすると、こういうことができるのではないか」という発想から始まるんです。挑戦や冒険をしない限り、消費者が驚く商品、多くの人に受け入れられるヒット商品、社会に貢献する素晴らしい商品は生まれません。技術の習得だけでなく、こうした気構えも養ってほしいと願いながら、学生とは向き合っています。

渡部　新市場創造型商品としては、エバラ食品の新しい柱になった「プチッと鍋」シリーズもそうですね。浅野さんは、あの商品にも関わっているんですか。

浅野　技術分野のマネージャーとして支援しました。「プチッと鍋」シリーズは、私の研究所に入っ

てきた入社7年目の女性社員が、コーヒー用のクリームなどを入れる容器をヒントに発案しました。彼女の提案に対して、役員も営業も開発の先輩たちも全員が猛反対しました。でも、私は否定しませんでした。その代わり、「なぜ、これがお客さまのために良いのか」、「商品化する際の難しさ、技術のポイントは何か」をまとめ、企画書に加筆するよう指示しました。女性社員がブラッシュアップした提案書を持って臨んだ3回目の役員向けプレゼンテーションで、ようやくゴーサインが出ました。

渡部　あの容器は数十gしか入りませんね。ボトル型のたれと比べたら、販売価格はかなり割高になるでしょう。売れないという意見が出るのもわかります。

浅野　そうなんです。計算したら、価格は3倍ほど高くなりました。常識的に考えれば、その価格では売れないという結論になります。でも、売れました。「プチッと鍋」シリーズが生まれた10年前、私には個食という習慣が普及するだろうという予感があり、それが的中しました。ここ数年は、コロナ禍も「プチッと鍋」

には追い風になりました。販売開始当初、「こんなの1億も売れねぇよ」と冷笑されましたが、今では年間売り上げが50億円に届くまでに化けました。年間100億円の「焼肉のたれ　黄金の味」を抜くかもしれません。

渡部　企画や提案をジャッジする人のセンスというか、モノの見方も試されますね。

浅野　世の中は変化しています。漢字の読み方にしても、「それはないだろう」とされていた読み方をみんながやり始めたら、大辞典に載っちゃうわけです。つまり、自分たちが考えている正解というものが、永遠に正しいとは決して言えないんですね。大切なことは、本質からみつめることです。今まで不止解とされていたことは本当にバッテンなのか？　見方や考え方を変えたり、この先のことを考えたりしたら不正解どころか二重マルじゃないのか？　というように、まっさらなところから考える。こうした作業が割愛された結果、世の中に出ることなく埋もれてしまった開発や商品が少なくないように思えてなりません。

フードロス削減をかねた商品開発を

渡部　学生たちには、エバラ食品での事例もまじえてお話しされているのですか。

浅野　エバラ食品で起きている問題もさらけ出しています。１００円、２００円の食品だからこそ、真心をこめて真剣に作らないと、健康被害で大変なことになりますから。

渡部　そうしたお話をしていただけるのは、やはり現場を知っている方だからです。ありがとうございます。今後、浅野さんがやってみたいことを聞かせてください。

浅野　フードロスを切り口にした研究、開発を進めていきたいです。農産物、海産物、水産物、畜産物は、すべて生きているんですよね。そこで微生物や細菌が生きている限り、掘り起こしたじゃがいもも、陸に上がった魚も生きているわけです。しかし、それらは「お客さまにとって、こうすると価値がある」というある種の思い込みのもとで選別され、その範疇から外れたものは、規格外品、二級品、不良品と扱われます。先日、あるJAで聞いて驚いたんですが、大根は漬物やおでん用として出荷するにあたって、真ん中の20㎝から25㎝を残して、両端は捨てちゃうそうです。ちょっとヒビが入っていたり穴が開いてたりすると、すぐにはじかれ、はじかれたものは生産者さんが直接販売するしかないと。さらに驚いたことに、そのJAでは大根は年間約3000t、ニンジンは多い時は2900tを廃棄していて、1t捨てる経費が3万円。大根だけでも年間9000万円とは、すごい話ですよね。

渡部　そんなにお金をかけて、地球に良くないこと、農家さんにも気の毒なことをしているのですか。それは、驚きだなぁ。

浅野　「焼肉のたれ　黄金の味」に使ったももは、不二家さんの「ネクターピーチ」

とちょっと関係があるんです。「ネクターピーチ」は販売当初、ものすごくヒットしたのですが、10年くらいで売れ行きが下がり、それまで納入していたももの生産者さんが、困っていたんですね。「ネクターピーチ」はももをすりつぶして濃縮加工したとろみのある濃厚なジュース。搾汁後は繊維質のペーストが残ります。そのペーストをエバラ食品が買い取って、「焼肉のたれ　黄金の味」に使ったんです。これは、お互いにウィンウィンでした。私は、北海道ならではの産物で未利用、規格外品などロスになっているものを使って新商品を開発したいんです。それも、単においしいだけではなく、栄養機能性や物理的機能性を持たせ、そこに付加価値を織り込む。そんなチャレンジを、文教大学の学生を巻き込んでやってみたいんです。

渡部　北海道にはいろんな原料がありますが、ものづくりへの工夫が足りていません。だから、原料生産地だけで終わってしまっています。文教大学では、食づくりを通して北海道に貢献できる人材の育成を目指していますから、浅野さんの今後の研究にうちの学生をどんどん巻き込んでください（笑）。

浅野　そうですね。企業とも連携して進めたいですね。今後、高齢化や過疎化によって農家の戸数が全国的にさらに減少していくでしょう。地球温暖化が進み、栽培できる作物も変化してきています。そうした状況を踏まえ、新たに価値のあるものを作り、収入も増える仕組みが整えば、第一次産業に挑戦する若者が増え、北海道に集まってくるのではないでしょうか。

渡部　国連経済社会局は、世界の人口が80億人に達したと発表しました。日本では膨大な量の食べ物が捨てられていますが、近い将来、食べ物の生産が追いつかないとか、食べたいものを食べたいだけ食べることができない状況になりそうな気もします。ロシアによるウクライナ侵攻は、輸入に依存し過ぎていると有事の際に食べ物を輸入できず、食卓に多大な影響が出ることを突きつけました。地産地消を進めていかないと、食べることがままならなくなるという危機感をもって、取り組んでいかないといけませんね。

浅野　北海道は、夏が涼しいですね。この気候は強みです。インドネシアにいた頃、昼は40℃以上、朝と夜は20℃程度で、私は食品の温度管理にかなり苦労しました。北海道の人にとっては当たり前のことが、道外の人には魅力であり、海外の人たちはより強くそれを感じ取っています。北海道には価値あるものがたくさんあるのですから、その価値をもっと高める努力をするべきです。未発掘の道産食材として、私が注目しているのは海藻です。日本海側とオホーツク海側、太平洋側とは生存物が全然違いますから、調査しようと準備を進めているところでもあるんですよ。

渡部　浅野さんの開発欲、開発したいという気持ちはとどまるところがありませんね。いますぐ文教大学の学生とともに開発に取り組めそうな食品はありませんか。

浅野　めちゃくちゃこだわったステーキソースや、いままでにないようなジンギスカンのたれ。これは、すぐできそうです。私としては、エバラ食品の商品開発でものすごく苦労させられた大根と玉ねぎを使って、チャレンジしてみたいですね。

渡部　大根も玉ねぎも道産でたくさん賄えるので、いいですね。楽しみです。ワクワク、ドキドキしますね。まだまだ、浅野さんにお世話になりますので、今後ともよろしくお願いいたします。

あとがき

日本のご家庭になじみのある「焼肉のたれ　黄金の味」の開発秘話、いかがでしたでしょうか。また、食品加工の世界は、想像よりも楽しそうだと感じてもらえたでしょうか。

たれをはじめとする調味料は、さまざまな原材料が調合されています。原材料一つをどう選ぶか、何と組み合わせるかによって、味わいは一変します。何を選び、何を受け入れるかで変わるのは、人間も同じです。私もいろいろなことを選んだり、試したり、あちこちにぶつかったりし、その間に多くのチャンスやそれを与えてくれた方々のエッセンスをいただいてきて、いまここにいると感じています。

本を書いてみないかと誘ってくださった北海道文教大学の渡部俊弘学長をはじめ、学長や外部関係者との橋渡し役としてサポートしてくださった同大学の石原永久さん、文章の整えなどに尽力くださった（株）オブジェクティフの永野善広さん、佐々木葉子さん、編集やデザインなどでお世話になった丸善プラネット（株）の橋口祐樹さん、エバラ食品のみなさんのご協力に深く感謝申し上げます。

食卓にのぼる食品の一つひとつには、多くの人々の夢、挑戦、挫折、苦労などが凝縮されています。そうしたバックボーンにも想いをはせながら、食べることに感謝し、食べることを楽しんでほしいと願っています。そしてまた、時には、食べることにまつわる課題にも思いを巡らせていただけたら幸いです。

「黄金のうで」を持つ男

2023年3月31日初版発行

著　者　浅野 高幸・渡部 俊弘

発行所　丸善プラネット株式会社

〒101-0051
東京都千代田区神田神保町2-17
電話（03）3512-8516
https://www.maruzenplanet.hondana.co.jp

発売所　丸善出版株式会社

〒101-0051
東京都千代田区神田神保町2-17
電話（03）3512-3256
https://www.maruzen-publishing.co.jp

編集協力　株式会社オブジェクティフ

組版・装丁　丸善プラネット株式会社
印刷・製本　富士美術印刷株式会社
ISBN 978-4-86345-543-6 C0058